Actifs pétroliers non opérés

Fabrice Davy Okassa

Actifs pétroliers non opérés

Préface de Son Excellence Haitham Al-Ghais

L'Harmattan
Congo Brazzaville

219, Avenue Nelson Mandela; Brazzaville

http:// www.harmattan-congo.com

ISBN : 978-2-336-53985-0
EAN : 9782336539850

À mon défunt père, vigie des mathématiques et fervent chantre de la pensée libre. Tu fus, tu es, et tu seras toujours un esprit indompté.

Préface

Le monde d'aujourd'hui fonctionne dans un paysage de plus en plus complexe. Les défis liés au développement persistent à travers le globe, tandis que les problèmes environnementaux restent non résolus et requièrent une attention urgente. De manière tout aussi pressante — voire plus — réside le fait que des millions de personnes vivent encore dans la pauvreté énergétique, une condition qui impacte la vie quotidienne, met en péril la santé et empêche les individus ainsi que les communautés d'atteindre un niveau de vie digne.

Dans le secteur de l'énergie, nous connaissons trop bien les défis multiformes auxquels sont confrontées les sources d'énergie traditionnelles, en particulier le pétrole et le gaz. Ces défis découlent souvent de critiques reposant sur une compréhension incomplète des réalités existantes — telles que les appels au désinvestissement, les accusations virulentes concernant les émissions de gaz à effet de serre et, peut-être plus préoccupant encore, les demandes visant à abandonner l'exploitation des ressources naturelles souveraines dont disposent les pays et sur lesquelles ils exercent une autorité reconnue.

Dans ce contexte, la publication intitulée actifs pétroliers non opérés, rédigée par un expert de l'industrie pétrolière, M. Fabrice Davy Okassa, apparaît à la fois opportune et essentielle. Fort de décennies d'expérience dans le secteur du pétrole et du gaz ainsi que dans les sphères politiques tant nationales qu'internationales, M. Okassa propose une contribution approfondie et réfléchie dans ce domaine. Cette œuvre, à la fois académique et professionnelle, aborde les aspects clés de l'exploitation des actifs pétroliers, en mettant un accent distinctif sur une perspective critique — souvent négligée — celle de la partie non opératrice.

Contrairement à l'opérateur qui gère les activités quotidiennes sur le terrain, la partie non opératrice joue un rôle discret mais déterminant. M. Okassa commence par définir clairement les rôles et responsabilités qui distinguent le non-opérateur de l'opérateur. Ses recherches démontrent de façon convaincante que les partenaires non opérateurs sont fondamentaux pour le succès et la viabilité des projets pétroliers. Afin de protéger leurs droits et de réduire leur exposition aux risques opérationnels, un cadre de gouvernance robuste est indispensable — un cadre qui respecte des principes spécifiques minutieusement explorés dans le livre.

Le cœur de l'ouvrage réside dans son examen des fondements d'une gestion rationnelle conçue pour protéger les intérêts des non-opérateurs. Il présente des mécanismes de supervision des opérations en intégrant les meilleures pratiques internationales et les technologies modernes. Les dimensions financières et comptables y sont également traitées avec rigueur, proposant une analyse détaillée des concepts clés pertinents pour les parties prenantes non opératrices.

Tout au long du livre, l'auteur souligne l'importance de la collaboration et de la communication entre opérateurs et non-opérateurs. Comme dans toute entreprise commune, la confiance est essentielle. Ce n'est qu'à travers des partenariats solides que les projets peuvent atteindre des résultats optimaux — bénéfique autant pour le consortium que pour la nation hôte.

Cette publication arrive à un moment charnière pour le secteur de l'énergie. Alors que les préoccupations environnementales, la transformation numérique et la rigueur fiscale redéfinissent les stratégies d'investissement mondiales, les positions non opératrices se révèlent être un outil indispensable pour renforcer la résilience des portefeuilles, permettant ainsi la diversification, le renforcement des contenus locaux et l'optimisation des résultats fiscaux.

Pour les nations détentrices de ressources, en particulier dans le Sud global, cet ouvrage constitue un guide pratique pour maximiser les bénéfices nationaux issus des hydrocarbures grâce à une participation active, à une supervision rigoureuse et à une harmonisation avec les objectifs de développement plus larges. Pour les entreprises privées et les investisseurs institutionnels, il offre des perspectives concrètes pour gérer le risque financier, naviguer à travers des structures contractuelles complexes et assurer une haute performance dans les coentreprises.

Les actifs pétroliers non opérés comblent une lacune cruciale tant dans la littérature que dans la pratique industrielle. En alliant profondeur technique et éclairage institutionnel, M. Okassa a élaboré une ressource indispensable pour les professionnels de l'énergie, les décideurs politiques, les investisseurs et les universitaires cherchant à appréhender l'avenir de la gestion partagée des ressources à une époque définie par la complexité et la responsabilité.

Son Excellence Haitham Al-Ghais
Secrétaire Général de l'Organisation des Pays
Producteurs et Exportateurs de Pétrole (OPEP)

Introduction

Cet ouvrage sur les actifs pétroliers non opérés explore un aspect stratégique de l'industrie des hydrocarbures, souvent méconnu du grand public mais central pour les acteurs économiques et institutionnels. Ces actifs se définissent comme des participations dans des projets pétroliers où l'investisseur n'a pas la responsabilité directe des opérations techniques ou quotidiennes. Ce modèle d'investissement, bien que passif en apparence, est un levier de diversification et de réduction des risques pour les entreprises engagées dans un secteur où les coûts initiaux sont massifs et les incertitudes techniques nombreuses. La collaboration entre opérateurs et partenaires non opérateurs est au cœur de cette dynamique, permettant un partage des charges et des responsabilités pour maximiser les rendements.

Les entreprises détenant des actifs non opérés bénéficient d'une flexibilité stratégique unique. Cela leur permet de diversifier leurs portefeuilles, en s'implantant sur plusieurs marchés géographiques ou technologiques, tout en limitant leur exposition à un projet unique. Par exemple, une entreprise peut investir dans des actifs en offshore profond dans le golfe du Mexique tout en participant à des projets conventionnels en Afrique ou en Asie. Ce positionnement favorise une résilience face aux fluctuations du marché et aux incertitudes géopolitiques.

Les exemples illustratifs détaillés dans le document, tels que le bloc 17 en Angola ou les projets offshore brésiliens, montrent comment des collaborations efficaces permettent de mutualiser les ressources et les expertises. Ces projets démontrent également l'importance pour les partenaires non opérateurs de s'assurer de la compétence et de la fiabilité de l'opérateur principal, car le succès des actifs non opérés dépend largement de la performance de celui-ci. Par conséquent, un suivi rigoureux, souvent assuré par des comités de gestion, est indispensable pour garantir la transparence et la conformité des opérations.

Le document met également en avant les revenus générés par ces actifs. Sous forme de royalties, de dividendes, ou de parts de production, ces flux financiers permettent aux investisseurs de réaliser des profits passifs tout en minimisant leur implication opérationnelle. Toutefois, les risques restent présents, notamment sur les plans technique, financier et environnemental. Les accidents industriels, la volatilité des prix du pétrole et les incidents environnementaux, comme l'explosion de la plateforme Deepwater Horizon en 2010, illustrent les conséquences potentielles. Ces risques soulignent la nécessité pour les investisseurs de procéder à des évaluations approfondies avant tout engagement.

En ce qui concerne les cadres réglementaires, les conventions pétrolières et les contrats de joint-venture jouent un rôle clé pour définir les droits et obligations des parties. Ces instruments juridiques garantissent une gestion transparente et alignée sur les objectifs stratégiques des États et des investisseurs. Les initiatives internationales, comme l'Initiative pour la Transparence dans les Industries Extractives (EITI), sont également mentionnées comme des références pour promouvoir une gouvernance responsable et équitable.

Les États, particulièrement ceux dont les économies dépendent des revenus pétroliers, doivent aborder la gestion des actifs non opérés comme un levier stratégique. Une fiscalité adaptée, une surveillance rigoureuse et des mécanismes de transparence sont essentiels pour maximiser les retombées économiques tout en préservant l'environnement et en répondant aux attentes des populations locales. L'amélioration continue des capacités nationales, à travers la formation des cadres et l'adoption de technologies avancées, est également un aspect fondamental.

En résumé, le document offre une perspective complète et approfondie sur les actifs pétroliers non opérés. Il éclaire leur rôle stratégique dans la diversification des portefeuilles d'investissement, la répartition des risques et l'optimisation des ressources naturelles. Les exemples, les analyses et les recommandations fournies en font un outil précieux pour les décideurs publics, les investisseurs et les opérateurs de l'industrie pétrolière.

Chapitre 1

Comprendre les Actifs Pétroliers Non Opérés

L'industrie pétrolière est un secteur d'activité complexe, caractérisé par des investissements colossaux et une prise de risques élevée. Dans ce contexte, le recours aux actifs non opérés s'est imposé comme une solution efficace pour permettre le partage des risques financiers, techniques et environnementaux entre divers acteurs. Les actifs pétroliers non opérés représentent des participations dans des projets d'exploration, de développement ou de production pétrolière dont la gestion quotidienne est assurée par un opérateur spécialisé. Ce modèle de collaboration permet ainsi de multiplier les opportunités d'investissement tout en préservant l'expertise et les compétences spécifiques de chacun.

Ce chapitre vise à présenter de manière détaillée ce que sont les actifs non opérés, en examinant leur définition, leurs spécificités, les avantages et inconvénients qu'ils présentent, ainsi que les rôles et responsabilités des différents acteurs impliqués. Il met également en lumière les cadres contractuels et réglementaires qui encadrent leur gestion et analyse les enjeux stratégiques pour les États qui dépendent des revenus pétroliers. En s'appuyant sur des exemples concrets issus de régions stratégiques telles que le Golfe du Mexique, l'Afrique ou encore le Brésil, nous montrerons comment ce modèle s'inscrit dans une logique de partage et de coopération, indispensable face aux défis contemporains de l'industrie pétrolière.

1.1 Définition et Spécificités des Actifs Non Opérés

Les actifs pétroliers non opérés se définissent comme des participations financières dans des projets pétroliers dans lesquels l'investisseur ne prend pas en charge la gestion opérationnelle du projet. En d'autres termes, une entreprise ou un investisseur peut détenir une part dans un permis d'exploration ou de production sans être responsable de la mise en œuvre sur le terrain. La gestion opérationnelle, incluant les activités d'exploration, de forage, d'installation d'infrastructures et de production, est déléguée à un opérateur spécialisé qui possède l'expertise technique et les moyens logistiques nécessaires.

1.1.1 Le Partage des Risques Financiers et Techniques

L'un des principes fondamentaux qui sous-tend le recours aux actifs non opérés est le partage des risques. Dans le secteur pétrolier, la réalisation de projets d'exploration ou de développement requiert des investissements initiaux souvent colossaux, pouvant atteindre plusieurs milliards de dollars, notamment dans le cas des opérations en eaux profondes ou dans des environnements complexes. Pour ne pas supporter seul l'intégralité des coûts et des risques inhérents à ces projets, les entreprises optent pour une répartition des investissements entre plusieurs partenaires. Par exemple, si une compagnie détient 30 % d'un projet, elle en supporte 30 % des coûts et, en contrepartie, perçoit une part proportionnelle des revenus générés.

Cette mutualisation des risques permet à chacun des acteurs d'investir dans des projets ambitieux, sans que la faillite ou un incident technique ne vienne compromettre l'ensemble de leurs activités. Par ailleurs, la diversification des portefeuilles d'investissement – qui est une stratégie couramment adoptée par les majors pétrolières telles qu'ExxonMobil, Chevron ou TotalEnergies – permet de stabiliser les revenus et de réduire l'impact d'éventuels revers dans une région donnée. Ainsi, une même entreprise peut se retrouver associée à des projets menés dans le Golfe du Mexique, en Afrique de l'Ouest ou en Asie du Sud-Est, ce qui lui garantit un flux de revenus plus équilibré et résilient face aux aléas du marché.

1.1.2 La Flexibilité et la Concentration sur les Compétences Clés

Un autre avantage majeur des actifs non opérés réside dans la capacité qu'ils offrent aux entreprises à se concentrer sur leurs compétences essentielles. Dans un secteur où l'expertise est souvent spécialisée – qu'il s'agisse de la technologie de forage, de la gestion des infrastructures ou du raffinage – certaines entreprises préfèrent investir dans des projets opérationnels sans se charger de la gestion quotidienne. Cette stratégie leur permet d'accéder aux bénéfices d'un projet sans avoir à en supporter la complexité opérationnelle, en confiant cette dernière à des partenaires disposant d'un savoir-faire pointu.

Les fonds d'investissement ou les acteurs technologiques, par exemple, peuvent ainsi participer à des projets d'exploration en eaux profondes en s'appuyant sur des opérateurs expérimentés. Ce modèle favorise non seulement l'efficacité opérationnelle mais encourage également le transfert de compétences et la collaboration entre des entreprises de profils complémentaires, renforçant ainsi l'ensemble du projet.

1.1.3 Des Revenus Passifs et une Diversification des Sources de Revenus

Du point de vue financier, les actifs non opérés représentent souvent une source de revenus passifs pour les investisseurs. Ces revenus se matérialisent principalement par :

- **Les Royalties** : Versées en pourcentage des volumes extraits, ces redevances offrent aux détenteurs de parts un revenu régulier, indépendamment des fluctuations des coûts d'exploitation.
- **Les Dividendes** : En fonction des bénéfices réalisés par le projet, les partenaires non opérés peuvent percevoir des dividendes proportionnels à leur participation.
- **La Part de Production (Profit Oil)** : Dans certains contrats, une fraction directe de la production est attribuée aux partenaires non opérés, ce qui leur permet de bénéficier des performances opérationnelles sans intervenir directement dans le processus.

Cette structure de revenus offre aux investisseurs une diversification intéressante, leur permettant de participer aux bénéfices d'un projet sans être exposés aux risques opérationnels quotidiens.

1.1.4 Risques et Défis des Actifs Non Opérés

Bien que présentant des avantages indéniables, les actifs non opérés ne sont pas exempts de défis. L'un des principaux inconvénients réside dans le fait que les partenaires non opérés perdent en contrôle direct sur la gestion opérationnelle du projet. Ils doivent ainsi faire confiance à l'opérateur pour mener à bien les différentes étapes, de l'exploration à la production. Cette relation de dépendance peut parfois conduire à des divergences de stratégie ou à des retards dans la mise en œuvre des projets. Par exemple, si l'opérateur décide de modifier le calendrier de développement pour des raisons internes ou financières, cela peut impacter négativement les revenus perçus par les partenaires non opérés.

En outre, les risques techniques – tels que les défaillances d'équipement, les erreurs de forage ou les incidents industriels – peuvent occasionner des surcoûts importants. Les fluctuations des prix des hydrocarbures, quant à elles, représentent un risque financier majeur. En 2020, une baisse significative des cours du baril a démontré comment ces variations pouvaient rendre certains projets non rentables. Enfin, les enjeux environnementaux, exacerbés par des incidents comme la catastrophe de la plateforme Deepwater Horizon, soulignent la nécessité pour les acteurs de s'engager dans une surveillance rigoureuse et le respect de normes de sécurité strictes.

1.2 Rôles et Responsabilités des Parties Prenantes

Les actifs non opérés mobilisent un ensemble d'acteurs dont les contributions et responsabilités varient selon leur position dans la chaîne de valeur. Une coordination étroite et une répartition claire des rôles sont indispensables pour garantir la réussite d'un projet pétrolier.

1.2.1 L'Opérateur : Pilier de la Gestion Opérationnelle

L'opérateur est la pièce maîtresse dans la gestion d'un actif pétrolier. Il assume l'ensemble des responsabilités opérationnelles, allant de la planification initiale à la mise en œuvre des forages et à la gestion de la production. Ses principales missions incluent:

- **L'Exploration et l'Évaluation des Réservoirs** : L'opérateur est chargé de réaliser des études sismiques, de cartographier les sous-sols et d'évaluer le potentiel de production des réservoirs. Cette étape est cruciale pour déterminer la viabilité du projet.
- **La Planification et l'Exécution des Forages** : En mobilisant des technologies de pointe et des équipements spécialisés, il conduit les opérations de forage en minimisant les risques et en optimisant les rendements.
- **L'Installation et la Maintenance des Infrastructures** : La construction et la gestion des plateformes offshores, des pipelines et des installations de traitement relèvent également de sa responsabilité, garantissant ainsi un flux continu de production.
- **La Conformité en Matière de Sécurité et d'Environnement** : L'opérateur doit veiller à ce que toutes les opérations respectent les normes de sécurité et les règlementations environnementales en vigueur, en réalisant notamment des audits réguliers et en mettant en place des plans de prévention des risques.
- **La Communication et la Transparence** : Il est également tenu de fournir des rapports détaillés et réguliers aux partenaires non opérés, permettant ainsi une gestion collaborative et transparente du projet.

1.2.2 Les Partenaires Non Opérés : Investisseurs et Contrôleurs à Distance

Les partenaires non opérés, bien qu'ils ne soient pas impliqués dans la gestion quotidienne, jouent un rôle fondamental en apportant les capitaux nécessaires et en participant aux décisions stratégiques. Leurs contributions se manifestent à travers plusieurs mécanismes :

- **Apport Financier et Mutualisation des Risques** : En investissant dans le projet, ils partagent le coût et les risques liés à l'exploitation pétrolière. Cette mutualisation permet à l'ensemble des partenaires de limiter leur exposition individuelle aux imprévus.

- **Surveillance et Contrôle** : Grâce à des comités de gestion et à des audits réguliers, les partenaires non opérés exercent une fonction de contrôle, veillant à ce que l'opérateur respecte les termes contractuels et les normes établies. Ce rôle de supervision est essentiel pour garantir la transparence et l'efficacité de la gestion du projet.

- **Participation aux Décisions Stratégiques** : Dans certains cas, surtout lorsque les investissements sont importants, les partenaires non opérés prennent part aux grandes orientations du projet. Leur contribution stratégique peut concerner le choix de technologies innovantes ou l'adoption de nouvelles méthodes de gestion qui optimiseront les performances globales du projet.

1.2.3 Les Administrations Publiques et Organismes de Régulation : Garants de l'Intérêt Général

Les États, à travers leurs administrations publiques et organismes de régulation, occupent une position centrale dans la gestion des actifs non opérés. Leur mission consiste à protéger l'intérêt national, à garantir le respect des obligations fiscales et environnementales, et à assurer une redistribution équitable des revenus issus de l'exploitation des ressources naturelles. Leurs actions se déclinent notamment en :

- **Surveillance de la Conformité** : Ils veillent à ce que les opérateurs et les partenaires respectent les règlementations en matière de sécurité, de santé et d'environnement, garantissant ainsi une exploitation responsable.

- **Gestion des Recettes Fiscales** : L'État s'assure que les revenus générés par les projets pétroliers (royalties, taxes, dividendes) sont correctement collectés et redistribués, en veillant notamment à la transparence des mécanismes de fiscalisation.

- **Protection des Intérêts Stratégiques** : Par le biais de négociations de contrats et de conventions pétrolières, ils protègent la souveraineté sur les ressources naturelles et s'assurent que les projets bénéficient pleinement à l'économie nationale.

- **Promotion des Initiatives de Développement Durable** : En collaborant avec les acteurs locaux et en impliquant la société civile, ils encouragent des pratiques qui concilient performance économique et respect de l'environnement, contribuant ainsi à une exploitation plus durable des ressources pétrolières.

1.3 Cadres Réglementaires et Contractuels

La régulation des actifs non opérés repose sur une série d'instruments juridiques et contractuels qui définissent clairement les droits, obligations et responsabilités des parties prenantes. Ces cadres permettent de sécuriser les investissements, de garantir une gestion transparente et de minimiser les risques liés à l'exploitation pétrolière.

1.3.1 Les Conventions Pétrolières

Les conventions pétrolières constituent le socle juridique sur lequel reposent les relations entre l'État et les opérateurs privés. Elles précisent notamment :

- **Les Modalités de Partage de la Production** : Les Production Sharing Contracts (PSC) définissent comment la production est partagée entre l'État et les entreprises, après déduction des coûts d'exploitation. Ce partage permet à l'État de récupérer ses investissements initiaux tout en percevant un bénéfice sur la production nette.

- **Les Régimes Fiscaux et Douaniers** : Les conventions détaillent les taux d'imposition, les redevances, et autres contributions financières qui s'appliquent aux projets pétroliers, garantissant ainsi un équilibre entre attractivité pour les investisseurs et rentabilité pour l'État.

- **Les Clauses Environnementales et Sociales** : De plus en plus, les conventions intègrent des exigences strictes en matière de protection de l'environnement et de responsabilité sociale, incluant des dispositions pour la gestion des risques, le traitement des déchets et la contribution aux projets de développement local.

1.3.2 Les Contrats de Joint-Venture

Les contrats de joint-venture, souvent signés entre plusieurs entreprises, organisent la répartition des parts et des coûts dans un projet pétrolier. Ils comportent des éléments essentiels tels que :

- **La Répartition des Investissements** : Ces contrats déterminent la part de chacun des partenaires dans le projet, proportionnelle à l'investissement réalisé et aux risques assumés.

- **Les Procédures de Prise de Décision** : Les décisions stratégiques, notamment celles concernant des investissements supplémentaires ou l'adoption de nouvelles technologies, nécessitent souvent l'accord de tous les partenaires ou un vote pondéré en fonction des parts détenues.

- **Les Conditions de Cession ou de Transfert** : Pour assurer la stabilité du projet, les contrats prévoient des clauses encadrant les conditions de sortie ou de transfert des participations, garantissant ainsi que le changement de partenaires ne perturbe pas la continuité opérationnelle.

1.3.3 Les Cadres Nationaux et Internationaux

Au-delà des contrats bilatéraux ou multipartites, la gestion des actifs non opérés s'inscrit dans un cadre réglementaire plus large qui repose sur :

- **Des Normes de Sécurité et de Protection Environnementale** : Tant au niveau national qu'international, des standards rigoureux encadrent les activités pétrolières. Ces normes visent à minimiser les risques pour l'environnement et la sécurité des travailleurs, en imposant des inspections régulières et la mise en place de procédures d'urgence.

- **Des Exigences de Transparence** : Afin de lutter contre la corruption et d'assurer une gestion responsable des ressources, de nombreuses initiatives internationales, telles que l'Initiative pour la Transparence dans les Industries Extractives (ITIE ou EITI), imposent la publication régulière des revenus et des performances des projets pétroliers.

- **L'Alignement avec les Standards Internationaux** : Pour faciliter la coopération et attirer des investissements étrangers, les États doivent s'assurer que leurs cadres réglementaires sont en adéquation avec les meilleures pratiques mondiales. Cela favorise non seulement la stabilité juridique des projets, mais renforce également la confiance des investisseurs.

1.4 Enjeux Stratégiques pour l'État dans la Gestion des Actifs Non Opérés Pétroliers

Pour de nombreux pays riches en ressources pétrolières, la gestion des actifs non opérés revêt une importance stratégique capitale. Ces actifs, bien que gérés directement par des opérateurs privés, représentent une source cruciale de revenus pour l'État. Leur gestion doit donc être à la fois proactive et rigoureusement encadrée pour répondre à plusieurs enjeux majeurs.

1.4.1 Maximisation des Revenus et Optimisation des Recettes Fiscales

L'un des objectifs prioritaires de l'État est de maximiser les revenus générés par l'exploitation des ressources pétrolières. Pour y parvenir, plusieurs stratégies sont mises en œuvre :

- **Élaboration d'un Cadre Fiscal Adapté** : Il s'agit de définir des taux de taxation, des redevances et des participations qui soient à la fois attractifs pour les investisseurs et suffisamment lucratifs pour l'État. Une fiscalité bien calibrée permet de récupérer les coûts engagés tout en garantissant une part équitable des bénéfices.

- **Négociation Efficace des Contrats** : Lors de la signature des contrats de partage de production (CPP) ou des joint-ventures, l'État doit s'assurer d'inclure des clauses avantageuses, telles que des dispositions relatives au « cost oil » ou à une redevance progressive, qui lui permettront d'augmenter ses recettes au fur et à mesure de la production.

- **Mise en Place de Mécanismes de Suivi** : Pour éviter toute fuite de revenus ou des pratiques de sous-déclaration, l'État doit instaurer des systèmes de contrôle robustes. La surveillance continue des performances des opérateurs permet d'identifier rapidement toute irrégularité et de réagir en conséquence.

1.4.2 Surveillance, Contrôle et Renforcement de la Gouvernance

La surveillance des actifs non opérés représente un enjeu majeur pour l'État. En effet, malgré l'absence d'implication directe dans la gestion quotidienne, l'État doit s'assurer que les opérateurs respectent les normes établies et que les revenus générés sont dûment reversés. Cela passe par :

- **La Création d'Instances de Contrôle Spécialisées** : La mise en place d'organismes ou de comités d'audit dotés de compétences techniques et financières permet de contrôler régulièrement la performance des projets. Ces instances ont pour mission de vérifier la conformité des opérations aux termes des contrats et aux règlementations en vigueur.

- **L'Utilisation de Technologies de Surveillance** : Le recours à des outils numériques, tels que les plateformes de suivi en temps réel ou les systèmes d'analyse de données, offre une visibilité permanente sur l'évolution des projets. Ces technologies facilitent la détection des anomalies et renforcent la transparence dans la gestion des actifs.

- **La Coopération avec les Acteurs Opérationnels** : Une relation de partenariat étroite entre l'État et les opérateurs, basée sur la transparence et la réciprocité, permet d'instaurer un climat de confiance propice à une exploitation efficace des ressources. Des inspections régulières et des réunions de suivi renforcent ce lien et contribuent à une meilleure gouvernance.

1.4.3 Gestion Proactive des Risques

Les risques associés aux projets pétroliers sont multiples et variés. Qu'ils soient d'ordre technique, financier ou environnemental, ces risques nécessitent une gestion proactive et bien orchestrée pour préserver l'intérêt national. Parmi les mesures mises en place figurent :

- **La Préparation de Plans de Contingence** : Afin de faire face aux éventualités telles que les accidents ou les interruptions imprévues de la production, l'État et les opérateurs élaborent des plans de gestion de crise. Ces plans incluent des procédures d'urgence, des réserves financières et des stratégies de redressement rapide.

- **La Constitution de Fonds de Stabilisation** : En raison de la volatilité des prix du pétrole sur le marché international, certains États choisissent de créer des fonds souverains. Ces fonds permettent de lisser les fluctuations des revenus et d'assurer une stabilité financière sur le long terme.

- **La Mise en Œuvre de Normes Environnementales Strictes** : Pour minimiser les risques d'incidents environnementaux, des règlementations rigoureuses encadrent les opérations. Ces normes imposent des standards élevés de sécurité et de protection, réduisant ainsi la probabilité d'accidents et leurs conséquences sur l'environnement.

1.4.4 Renforcement des Capacités Nationales et Transfert de Compétences

La gestion efficace des actifs non opérés ne repose pas uniquement sur des mécanismes de contrôle et de fiscalisation. Elle exige également un renforcement continu des capacités techniques et administratives au sein des institutions nationales. Parmi les initiatives clés, on peut citer :

- **La Formation et le Développement des Ressources Humaines** : Des programmes de formation spécialisés dans la fiscalité pétrolière, la gestion des contrats et l'analyse technique sont essentiels pour doter les cadres publics des compétences nécessaires. La mise en place de centres d'excellence et de laboratoires d'innovation permet de renforcer l'expertise nationale.

- **La Collaboration avec des Partenaires Internationaux** : Les partenariats avec des institutions internationales, des universités ou des entreprises technologiques favorisent le transfert de compétences et l'adoption de technologies avancées. Ces collaborations permettent d'intégrer les meilleures pratiques internationales dans la gestion locale des projets.

- **Le Développement de Programmes de Mentorat** : Afin de préparer une nouvelle génération de spécialistes, des programmes de mentorat et de formation continue sont mis en place. Ces initiatives assurent une transition fluide entre les générations et garantissent une expertise pérenne dans le domaine pétrolier.

1.4.5 Transparence et Responsabilisation dans la Gestion des Ressources

La transparence constitue un pilier essentiel dans la gestion des actifs pétroliers. Elle est nécessaire pour instaurer la confiance des citoyens, des investisseurs et des partenaires internationaux. Plusieurs mesures peuvent être adoptées à cet effet :

- **Publication Régulière de Rapports** : La diffusion périodique d'informations détaillées sur les revenus, les investissements, les coûts et la performance des projets permet de renforcer la transparence. Ces rapports, accessibles au public, facilitent le contrôle citoyen et la reddition de comptes.

- **Adoption de Standards Internationaux** : L'alignement avec des initiatives telles que l'Initiative pour la Transparence dans les Industries Extractives (ITIE) garantit que les données communiquées respectent des normes rigoureuses. Cette démarche favorise l'ouverture et l'intégrité dans la gestion des ressources.

- **Implication de la Société Civile** : La consultation régulière des citoyens et la participation d'organisations non gouvernementales dans le suivi des projets permettent de s'assurer que la gestion des ressources se fait dans l'intérêt général. La mise en place de plateformes numériques participatives renforce ce dialogue et contribue à une gouvernance inclusive.

1.5 Exemples Illustratifs de Projets et de Partenariats

Pour mieux illustrer le fonctionnement des actifs non opérés, il est pertinent d'examiner quelques exemples concrets issus de différentes régions du monde. Ces cas pratiques démontrent comment la collaboration entre opérateurs et partenaires non opérés permet de réaliser des projets ambitieux malgré des contraintes techniques et financières importantes.

1.5.1 Le Golfe du Mexique

Dans le Golfe du Mexique, région reconnue pour ses vastes ressources en hydrocarbures, plusieurs projets reposent sur des partenariats non opérés. Des entreprises telles que Chevron opèrent sur de multiples plateformes, partageant les investissements et les risques avec des partenaires comme Shell et BP. Cette approche collaborative permet non seulement de répartir les coûts liés aux forages en eaux profondes, mais également d'optimiser la gestion opérationnelle grâce à l'expertise cumulée des différents acteurs.

1.5.2 Les Projets en Afrique

En Afrique, le bloc 17 en Angola constitue un exemple emblématique de partenariat stratégique. Dans ce projet, TotalEnergies agit en tant qu'opérateur principal, tandis que d'autres compagnies telles qu'Equinor et ExxonMobil détiennent des parts non opérées. Ce modèle permet aux partenaires d'accéder aux bénéfices d'un projet de grande envergure sans avoir à supporter la complexité de la gestion quotidienne. Par ailleurs, la collaboration entre ces entreprises favorise l'échange de compétences et contribue à une meilleure optimisation des ressources, tout en garantissant une surveillance renforcée par les autorités nationales.

1.5.3 Le Forage en Eaux Profondes au Brésil

Au Brésil, Petrobras, acteur central du pré-sel, collabore régulièrement avec des partenaires internationaux pour mener à bien des projets de forage en eaux profondes. La complexité technique et les coûts élevés associés à ces opérations rendent indispensable le recours à des participations non opérées. Ce modèle permet non seulement de partager les risques financiers, mais également d'accéder à des technologies et à des expertises diversifiées, renforçant ainsi la compétitivité du projet sur le plan international.

Les actifs pétroliers non opérés représentent aujourd'hui un levier stratégique incontournable dans l'industrie pétrolière mondiale. En permettant le partage des risques financiers et techniques, ils offrent aux investisseurs – qu'ils soient des grandes compagnies pétrolières, des fonds souverains ou des investisseurs institutionnels – la possibilité de diversifier leurs portefeuilles tout en se concentrant sur leurs compétences clés. L'externalisation de la gestion opérationnelle à des opérateurs spécialisés permet en outre d'optimiser les coûts et de favoriser l'innovation par le biais de partenariats complémentaires.

Les cadres réglementaires et contractuels, tels que les conventions pétrolières et les contrats de joint-venture, constituent le socle juridique qui assure la transparence et la stabilité de ces investissements. Parallèlement, les administrations publiques et organismes de régulation jouent un rôle crucial en veillant à la conformité des opérations, à la collecte des recettes fiscales et à la protection des intérêts nationaux.

Pour les États, la gestion proactive des actifs non opérés passe par la maximisation des revenus, la mise en place de mécanismes de surveillance rigoureux, l'anticipation des risques et le renforcement des capacités nationales. La transparence et l'implication de la société civile dans le suivi des projets sont des conditions sine qua non pour garantir une exploitation responsable des ressources naturelles.

Chapitre 2
Principes Fondamentaux d'une Gestion Rationnelle

La gestion rationnelle et durable des ressources pétrolières repose sur un ensemble de principes essentiels qui assurent la transparence, la redevabilité, l'évaluation minutieuse des risques et l'optimisation des processus de contrôle. Dans un environnement économique et géopolitique de plus en plus complexe, ces principes ne sont pas seulement des obligations normatives, ils représentent également des leviers stratégiques indispensables pour renforcer la crédibilité des États et la confiance des investisseurs internationaux. Ce chapitre se propose d'explorer en profondeur ces principes, en mettant en lumière leurs enjeux, leurs modalités de mise en œuvre et les retombées qu'ils engendrent sur la pérennité des opérations dans le secteur pétrolier.

2.1 Enjeux mondiaux et impératifs de bonne gestion

Le rapport sur les perspectives pétrolières mondiales (World Oil Outlook - WOO) publié par l'OPEP en 2024 révèle clairement que le pétrole et le gaz continueront à jouer un rôle stratégique majeur dans l'économie mondiale à l'horizon 2050 et au-delà. Contrairement à certaines prévisions annonçant un pic imminent de la demande, l'OPEP prévoit une augmentation significative, de l'ordre de 24 %, portant la consommation mondiale à plus de 120 millions de barils par jour d'ici 2050. Cette croissance proviendra essentiellement des pays hors OCDE, reflétant leur expansion économique rapide et leurs besoins énergétiques croissants.

Dans ce contexte, le pétrole et le gaz représenteront toujours plus de la moitié du mix énergétique mondial en 2050. Cette prévision souligne non seulement leur rôle central dans la sécurité énergétique mondiale, mais aussi leur importance stratégique pour la stabilité économique de nombreux États producteurs, qui tirent de substantiels revenus de ces ressources. En effet, les recettes issues de l'industrie pétrolière et gazière continueront de constituer une part considérable des budgets nationaux des pays producteurs, soutenant le financement des infrastructures publiques, des systèmes éducatifs, sanitaires et sociaux, ainsi que des projets de développement économique diversifiés.

Pour les compagnies pétrolières, ces ressources énergétiques demeurent des actifs fondamentaux, générant des rendements financiers importants malgré les défis liés à la transition énergétique et aux fluctuations du marché. Le rapport de l'OPEP souligne que pour répondre à la demande prévue, environ 17,4 trillions de dollars d'investissements seront nécessaires d'ici 2050, créant ainsi d'importantes opportunités économiques pour les entreprises du secteur énergétique.

Par ailleurs, les développements technologiques récents ainsi que les engagements environnementaux croissants de l'industrie pétrolière, notamment en matière de réduction des émissions via des technologies telles que la capture, l'utilisation et le stockage du carbone (CCUS) et l'élimination du torchage systématique d'ici 2030, renforcent la viabilité et la durabilité à long terme de cette industrie essentielle. Par conséquent, les principes de transparence sont des gages de pérennité et de stabilité financière.

2.2 Transparence et redevabilité

2.2.1 La transparence : fondement d'une gouvernance éthique

La transparence constitue la pierre angulaire d'une gestion rationnelle des ressources naturelles. Elle instaure un climat de confiance indispensable entre le pays hôte, les investisseurs et l'ensemble des partenaires internationaux. Dans le domaine des ressources pétrolières, cette transparence est d'autant plus cruciale que ces ressources représentent un patrimoine souverain pour la majorité des États. Tandis que quelques exceptions subsistent – comme aux États-Unis, où les ressources du sous-sol appartiennent aux propriétaires terriens – la plupart des nations choisissent de mettre en commun leurs ressources avec des partenaires publics ou privés afin de maximiser l'exploitation des gisements et de partager équitablement la rente pétrolière.

Pour atteindre cet objectif, la transparence s'appuie sur plusieurs piliers essentiels :

Publication régulière de rapports financiers et techniques

Une gestion transparente repose avant tout sur la diffusion régulière de rapports détaillés. Les rapports financiers doivent présenter de manière claire et exhaustive les revenus générés, les coûts engagés, les investissements réalisés ainsi que les transferts financiers opérés. Parallèlement, les rapports techniques doivent offrir une vue d'ensemble sur l'état des réserves, la performance des installations, les progrès en matière d'exploration ainsi que les innovations technologiques déployées sur le terrain. Ces documents, rédigés dans un langage accessible et accompagnés de résumés simplifiés, permettent non seulement aux experts du secteur mais également au grand public de comprendre la situation opérationnelle et financière des activités pétrolières.

Mécanismes de contrôle interne et externe

Afin de garantir une transparence totale, les mécanismes de contrôle doivent être rigoureux et complémentaires. Les audits internes, réalisés par des équipes spécialisées, permettent de vérifier en continu la conformité des processus opérationnels aux standards établis. Ces contrôles intègrent des audits financiers et opérationnels qui évaluent la performance des différentes unités de production, tout en identifiant les écarts et en proposant des mesures correctives. À ces audits internes s'ajoutent des contrôles externes réalisés par des organismes indépendants ou des experts tiers, qui apportent un regard impartial et renforcent la crédibilité de l'ensemble du dispositif de contrôle.

Implication active des parties prenantes

La transparence ne se limite pas à la simple publication d'informations ; elle implique également la participation active de toutes les parties prenantes. La consultation régulière des citoyens, des organisations non gouvernementales (ONG), des investisseurs et des communautés locales est primordiale pour assurer une gestion inclusive et démocratique. Ces consultations publiques, organisées via des forums, des assemblées ou des plateformes de dialogue multipartites, offrent aux parties concernées la possibilité d'exprimer leurs opinions, de formuler des recommandations et de participer à la définition des orientations stratégiques.

2.2.2 La redevabilité : assumer ses responsabilités

La redevabilité est intrinsèquement liée à la transparence. Elle implique que les gestionnaires publics et les partenaires privés soient pleinement responsables de leurs actions et qu'ils rendent compte de leurs décisions devant l'ensemble des acteurs concernés. La mise en place de mécanismes de redevabilité repose sur plusieurs axes :

Réponse aux enquêtes et aux contrôles

Les responsables de la gestion des ressources pétrolières doivent se soumettre à des enquêtes indépendantes et répondre aux questions posées par les instances de contrôle. Cette démarche contribue à instaurer un climat de confiance, car elle permet d'identifier rapidement les éventuelles irrégularités et d'y remédier en toute transparence.

Présentation de résultats mesurables

Chaque projet ou programme doit être évalué selon des indicateurs précis et mesurables. Ces indicateurs, qu'ils soient financiers, environnementaux ou sociaux, permettent de mesurer l'atteinte des objectifs fixés. La présentation de ces résultats sous forme de tableaux de bord interactifs et de rapports d'audit contribue à une gestion proactive et à l'anticipation des risques.

Mise en œuvre de plans correctifs

En cas de défaillance ou de non-conformité, il est impératif de mettre en œuvre des plans correctifs immédiats. Ces plans doivent être clairement communiqués aux parties prenantes et faire l'objet d'un suivi rigoureux pour garantir leur efficacité. L'adoption d'une démarche d'amélioration continue est ainsi un gage de fiabilité et de résilience dans la gestion des ressources pétrolières.

En adoptant ces principes de transparence et de redevabilité, les États et leurs partenaires renforcent non seulement la gestion de leurs actifs pétroliers, mais consolident également la confiance des populations et des investisseurs. Une telle approche contribue à prévenir les dérives et à assurer une exploitation durable, éthique et efficiente des ressources naturelles.

2.3 Évaluation des risques techniques et financiers

La gestion des actifs pétroliers se caractérise par des environnements complexes, où s'entremêlent des facteurs techniques et financiers. L'évaluation rigoureuse de ces risques est essentielle pour garantir la durabilité des opérations et la rentabilité à long terme des investissements. Ce volet du chapitre aborde les deux grandes catégories de risques et présente les outils et stratégies permettant de les anticiper et de les atténuer.

2.3.1 Risques techniques

L'intégrité des infrastructures

Les infrastructures pétrolières, telles que les pipelines, les plateformes offshore et onshore, ainsi que les installations de raffinage, sont au cœur des opérations. Leur défaillance peut entraîner des conséquences catastrophiques, tant sur le plan opérationnel qu'environnemental. Ainsi, il est indispensable de mettre en place des programmes d'inspection réguliers et rigoureux, incluant des contrôles non destructifs, des tests de résistance et des évaluations de conformité aux normes internationales. Ces inspections permettent de détecter en amont les signes de dégradation et d'intervenir avant qu'une panne ne survienne.

Sécurité et efficacité des procédures de forage et de production

Les procédures de forage et de production doivent être conçues selon les meilleures pratiques mondiales. L'intégration de technologies de pointe, comme les systèmes automatisés de gestion des puits, permet de réduire les risques d'erreur humaine, d'optimiser la production et de minimiser les interruptions imprévues. Par ailleurs, la formation continue des équipes opérationnelles est essentielle pour s'assurer que chacun maîtrise les techniques modernes et adopte une culture de la sécurité robuste. Cette culture, intégrée à tous les niveaux de l'organisation, constitue un rempart contre les accidents et contribue à l'optimisation globale des opérations.

Maintenance préventive et innovation technologique

La mise en œuvre d'un programme de maintenance préventive permet de prolonger la durée de vie des équipements et de réduire les coûts liés aux réparations d'urgence. Par ailleurs, l'investissement dans la recherche et le développement, notamment dans le domaine des technologies de surveillance et des systèmes de diagnostic en temps réel, offre des outils précieux pour anticiper les défaillances. L'adoption d'innovations technologiques, telles que l'intelligence artificielle et l'analyse prédictive, renforce la capacité des entreprises à identifier les risques techniques et à mettre en œuvre des solutions adaptées avant que des incidents ne surviennent.

2.3.2 Risques financiers

Fluctuations des prix du pétrole

L'un des risques financiers les plus significatifs réside dans la volatilité des prix du pétrole sur les marchés internationaux. Ces fluctuations, souvent liées à des facteurs géopolitiques, économiques ou climatiques, peuvent avoir des répercussions directes sur les revenus et la rentabilité des projets pétroliers. Pour pallier cet effet déstabilisateur, il est indispensable de mettre en place des stratégies de couverture financière. L'utilisation d'instruments financiers tels que les contrats à terme, les options et autres produits dérivés permet de limiter l'impact des variations de prix sur les flux de trésorerie et d'assurer une stabilité budgétaire.

Gestion des retards de production

Les retards dans la production, qu'ils soient causés par des problèmes techniques, logistiques ou réglementaires, représentent un autre risque majeur. Ces retards entraînent une augmentation des coûts opérationnels et une diminution des revenus prévus, compromettant ainsi la viabilité financière des projets. Pour faire face à ce défi, il est crucial d'élaborer des plans d'action précis, de mettre en place des mécanismes de suivi en temps réel et d'adopter une planification rigoureuse qui anticipe les éventuels obstacles.

Préparation aux coûts imprévus

Outre les fluctuations du marché et les retards, les coûts imprévus – tels que les réparations d'urgence, les sanctions environnementales ou la hausse soudaine des prix des intrants – peuvent compromettre la rentabilité d'un projet.

Pour se prémunir contre ces aléas, les entreprises doivent prévoir des marges de sécurité dans leurs budgets et constituer des fonds de réserve. Ces réserves financières permettent de faire face aux dépenses imprévues sans perturber l'ensemble des opérations, garantissant ainsi une gestion financière saine et proactive.

2.3.3 Outils de prévision et stratégies d'atténuation

Pour gérer efficacement les risques techniques et financiers, il est indispensable de recourir à des outils de modélisation avancés et à des stratégies d'atténuation adaptées. Parmi ces outils, les simulations économiques occupent une place centrale. Elles permettent d'envisager différents scénarios et d'intégrer des hypothèses spécifiques afin d'identifier les vulnérabilités potentielles. Ces analyses prospectives fournissent une base solide pour la prise de décisions éclairées et facilitent la mise en place de mesures correctives ciblées.

Par ailleurs, l'intégration de technologies de l'information, telles que les plateformes d'analyse de données en temps réel et les outils algorithmiques, renforce la capacité des entreprises à surveiller en continu leurs opérations et à réagir rapidement face à des situations imprévues. Grâce à ces outils, il devient possible de mettre en place des stratégies d'atténuation des risques qui intègrent à la fois des mesures préventives et des plans d'urgence, garantissant ainsi une résilience accrue des opérations pétrolières.

2.4 Intégration des indicateurs de performance clés (KPI)

2.4.1 La valeur stratégique des KPI dans la gestion des actifs

Les indicateurs de performance clés (KPI) jouent un rôle déterminant dans l'optimisation de la gestion stratégique et opérationnelle des actifs pétroliers. Leur intégration dans les processus de suivi et d'analyse permet d'évaluer l'efficacité des opérations, d'identifier les opportunités d'amélioration et de s'aligner sur les objectifs stratégiques définis par l'opérateur. Les KPI fournissent ainsi une vision holistique des performances, en couvrant des dimensions techniques, financières et environnementales.

2.4.2 KPI techniques

Les KPI techniques sont conçus pour mesurer la performance opérationnelle et la fiabilité des infrastructures, en mettant l'accent sur l'optimisation de la récupération des ressources. Parmi ces indicateurs, on peut citer :

- **Taux de production :**

Mesuré en barils par jour (b/j), ce KPI permet d'évaluer l'efficience des opérations d'extraction et la santé des gisements. Une variation inhabituelle du niveau de production peut signaler des dysfonctionnements techniques ou des variations dans la performance des installations, nécessitant une analyse approfondie pour identifier et corriger les causes sous-jacentes.

- **Taux de récupération des hydrocarbures (Recovery Factor) :**

Cet indicateur mesure la proportion des réserves

récupérables par rapport aux réserves initiales. L'optimisation de la gestion des réservoirs, notamment par l'utilisation de techniques de récupération assistée (Enhanced Oil Recovery - EOR), peut significativement augmenter ce taux, garantissant une exploitation plus rentable et prolongée des gisements.

- **Taux de remplacement des réserves (Reserve Replacement Ratio) :**

Ce ratio évalue la capacité de l'opérateur à renouveler les réserves exploitées. Un taux inférieur à 100 % indique que les réserves ne sont pas remplacées au rythme de leur extraction, ce qui pourrait compromettre la durabilité à long terme de l'exploitation pétrolière.

- **Gestion des gisements et pérennité de la récupération :**

L'application de modèles dynamiques de réservoirs, combinée à des campagnes de surveillance sismique et à des techniques d'injection de fluides, permet d'optimiser la récupération des hydrocarbures tout en minimisant le déclin naturel des puits.

- **Taux de fonctionnement utile élevé :**

La disponibilité opérationnelle des infrastructures est cruciale pour éviter des interruptions non programmées. Ce KPI, qui mesure le pourcentage de temps pendant lequel les équipements sont opérationnels, permet d'identifier les causes des pannes récurrentes et de mettre en place des actions préventives.

- **Durabilité des installations et maîtrise des coûts :**

Un suivi rigoureux des investissements dans la maintenance et le renouvellement des équipements permet de réduire les coûts imprévus et de prolonger la durée de vie des infrastructures. Cet indicateur évalue la capacité de l'opérateur à limiter les réparations d'urgence et à maintenir un niveau de performance optimal.

- **Disponibilité des équipements :**

Exprimé en pourcentage du temps total de fonctionnement, cet indicateur mesure l'efficacité des systèmes de maintenance et la fiabilité des équipements. Une disponibilité élevée est le reflet d'une gestion proactive et d'une optimisation continue des processus techniques.

2.4.3 KPI financiers

Sur le plan financier, les KPI permettent de surveiller la rentabilité des opérations, d'optimiser les investissements et de garantir une gestion efficiente des ressources financières. Parmi les indicateurs financiers essentiels, on retrouve :

- **Coût par baril :**

Cet indicateur distingue les coûts opérationnels (OPEX) engagés lors des phases régulières de production des investissements en capital (CAPEX) réalisés lors des phases d'extension ou d'amélioration des capacités. La différenciation entre CAPEX et OPEX permet d'identifier les périodes où les dépenses en capital doivent être justifiées par des retours sur investissement significatifs.

- **Rendement des investissements (ROI) :**

Le retour sur investissement mesure le rapport entre les gains nets générés par un projet et les coûts totaux engagés. Une analyse rigoureuse du ROI permet d'évaluer la viabilité des projets en cours et d'orienter les décisions d'investissement vers des initiatives plus rentables.

- **Clarification des CAPEX non productifs :**

Il est crucial que chaque investissement capitalistique soit directement lié à une augmentation des réserves ou à une amélioration substantielle des performances opérationnelles. En l'absence de ces justifications, l'opérateur doit être en mesure d'expliquer la nécessité des dépenses engagées afin d'éviter des dérives budgétaires.

- **Marge bénéficiaire :**

Calculée comme la différence entre les revenus générés et l'ensemble des coûts (fixes et variables), la marge bénéficiaire est un indicateur fondamental de la rentabilité des opérations. Une surveillance continue de ce KPI permet de détecter des écarts éventuels et de mettre en œuvre des mesures d'optimisation pour maintenir des marges en ligne avec les objectifs stratégiques.

2.4.4 KPI environnementaux

Dans un contexte marqué par la transition énergétique et une réglementation environnementale de plus en plus stricte, les KPI environnementaux revêtent une importance cruciale. Ils permettent de mesurer l'impact des activités pétrolières sur l'environnement et d'assurer la conformité aux normes en vigueur :

- **Respect des normes écologiques :**

Cet indicateur évalue l'adhérence aux standards internationaux en matière de protection de l'environnement. La gestion des rejets, la réduction des déchets et la préservation de la biodiversité sont autant d'axes pris en compte pour garantir une exploitation respectueuse des écosystèmes locaux.

- **Réduction des émissions de gaz à effet de serre (GES) :**

La limitation de l'empreinte carbone constitue une priorité stratégique pour l'ensemble des acteurs du secteur pétrolier. Ce KPI mesure les efforts réalisés pour diminuer les émissions de CO_2, de méthane et d'autres GES, notamment grâce à l'adoption de technologies de captage et de stockage du carbone (CCUS) et à l'optimisation énergétique des processus industriels.

2.4.5 Intégration des KPI dans les systèmes de reporting

L'efficacité des indicateurs de performance repose sur leur intégration dans des systèmes de reporting modernes et performants. Les outils numériques, tels que les tableaux de bord interactifs et les plateformes d'analyse en temps réel, centralisent les données issues des différentes unités opérationnelles et permettent une visualisation immédiate des performances. Un suivi régulier, associé à des audits internes, garantit que les KPI restent alignés sur les objectifs stratégiques et qu'ils permettent d'identifier rapidement les écarts susceptibles d'entraver la performance globale. La standardisation des rapports et l'automatisation des processus d'analyse contribuent également à renforcer la transparence et la réactivité de l'ensemble du dispositif de gestion.

2.5 Optimisation des processus de suivi et d'audit

Dans un secteur aussi complexe que celui du pétrole, l'optimisation des processus de suivi et d'audit constitue un pilier stratégique pour garantir la conformité, améliorer les performances et renforcer la confiance des parties prenantes. Ces processus, qui englobent à la fois la surveillance continue des opérations et les évaluations périodiques, visent à assurer que chaque maillon de la chaîne de production respecte les standards fixés et que les actions correctives sont mises en œuvre dès qu'un écart est constaté.

2.5.1 Processus de suivi rigoureux : une clé de la réactivité

Un suivi efficace repose sur l'observation continue d'indicateurs clés de performance. Ces KPI, déjà présentés dans la section précédente, permettent d'évaluer en temps réel la production, les coûts d'exploitation et la disponibilité des installations. Une surveillance proactive permet de :

- **Détecter rapidement les anomalies :**

La mise en place de systèmes de monitoring en temps réel permet d'identifier immédiatement toute dérive par rapport aux objectifs préétablis. Cette réactivité est essentielle pour mettre en œuvre des actions correctives avant que les problèmes ne prennent de l'ampleur.

- **Anticiper les besoins opérationnels :**

Grâce à une analyse fine des données collectées, il devient possible de prévoir les ajustements nécessaires, que ce soit en termes de maintenance, de logistique ou d'organisation du travail. Cette anticipation réduit les risques d'interruption et garantit une continuité optimale des opérations.

- **Optimiser les coûts et les délais :**

Le suivi régulier des coûts d'exploitation permet d'identifier les leviers d'optimisation et d'éviter des dépassements budgétaires. De même, le suivi des délais de production aide à coordonner efficacement l'ensemble des activités, limitant ainsi les retards et les surcoûts.

2.5.2 Audits réguliers et approfondis : renforcer la conformité et la transparence

Les audits représentent un outil indispensable pour vérifier la conformité des opérations aux obligations contractuelles, aux normes réglementaires et aux engagements internes en matière de santé, sécurité et environnement (HSE). Ils se déclinent en plusieurs catégories :

- **Audits contractuels :**

Ces audits s'assurent que les termes et conditions des accords passés entre les opérateurs, les partenaires et les fournisseurs sont respectés. Ils permettent de vérifier l'application correcte des clauses contractuelles et d'identifier d'éventuelles déviations.

- **Audits réglementaires :**

Réalisés par des organismes de contrôle externes, ces audits garantissent que les opérations respectent l'ensemble des lois et régulations en vigueur. Le respect des normes locales et internationales permet d'éviter des sanctions financières et des interruptions d'activité, tout en renforçant la crédibilité de l'opérateur auprès des autorités de régulation.

- **Audits environnementaux :**

Spécifiquement orientés sur l'impact des activités pétrolières sur l'environnement, ces audits évaluent la gestion des rejets, la protection des écosystèmes et l'efficacité des mesures mises en place pour limiter les émissions polluantes. Ils constituent un outil clé pour assurer la conformité aux normes écologiques et améliorer la réputation de l'entreprise.

2.5.3 Importance des visites sur site : une évaluation directe et concrète

Bien que les données numériques et les rapports automatisés offrent une vision synthétique des opérations, les visites sur site demeurent indispensables pour une évaluation concrète de l'état des installations. Ces visites permettent :

- **Une observation directe :**

En se rendant sur le terrain, les auditeurs et les responsables peuvent constater de visu l'état des équipements, la qualité des infrastructures et l'avancement des projets. Cette observation permet de valider les informations reportées par les systèmes de monitoring et de détecter d'éventuelles anomalies non prises en compte.

- **Des échanges constructifs :**

La présence sur site offre l'opportunité de dialoguer directement avec les équipes opérationnelles, de comprendre les défis rencontrés et d'identifier les pistes d'amélioration. Ces échanges enrichissent l'analyse des données et favorisent une meilleure coordination entre les différents niveaux de l'organisation.

- **Une évaluation des pratiques de sécurité :**

Les visites sur site permettent également de vérifier la mise en œuvre effective des pratiques de sécurité et de gestion des risques, essentielles pour prévenir les accidents et garantir un environnement de travail sain.

2.5.4 Intégration des outils digitaux : un levier pour la performance

L'essor des technologies numériques a transformé la manière dont les entreprises gèrent leurs processus de suivi et d'audit. L'intégration de solutions digitales permet :

- **La centralisation des données :**

Grâce à des systèmes ERP (Enterprise Resource Planning) et des plateformes d'analyse de données, il est désormais possible de centraliser l'ensemble des informations critiques dans un espace unique. Cette centralisation facilite la prise de décision en offrant une vue d'ensemble en temps réel des opérations.

- **L'analyse prédictive :**

L'utilisation d'outils d'algorithmes de modélisation avancés permet d'anticiper les défaillances potentielles et de prévoir les besoins en maintenance ou en ajustement des processus. Ces analyses prédictives offrent un avantage concurrentiel en réduisant significativement les temps d'arrêt et en optimisant l'allocation des ressources.

- **La traçabilité et la standardisation des processus :**

Les outils digitaux permettent d'automatiser certaines tâches répétitives et d'assurer une traçabilité complète des opérations. La standardisation des procédures garantit ainsi une homogénéité dans le suivi des indicateurs et dans la réalisation des audits, renforçant la transparence et la fiabilité des données collectées.

2.5.5 Une démarche proactive pour une amélioration continue

L'optimisation des processus de suivi et d'audit ne doit pas être considérée comme une finalité statique, mais plutôt comme un processus évolutif et dynamique. Pour assurer une amélioration continue, il convient de mettre en œuvre plusieurs actions complémentaires :

- **Formation et développement des compétences :**

La mise en place de programmes de formation réguliers pour les équipes en charge du suivi et des audits permet de renforcer leurs compétences techniques et analytiques. Ces formations, axées sur les dernières avancées technologiques et les meilleures pratiques en matière de gestion des risques, contribuent à une meilleure maîtrise des outils digitaux et à une adaptation constante aux évolutions du secteur.

- **Mise à jour des systèmes et des méthodologies :**

Dans un contexte en constante évolution, il est impératif d'actualiser régulièrement les systèmes de suivi et les méthodes d'audit afin de répondre aux exigences opérationnelles et réglementaires. L'adaptation aux nouvelles technologies et aux changements de contexte permet de maintenir un haut niveau d'efficacité et de réactivité dans la gestion des opérations.

- **Évaluation périodique des processus :**

L'intégration d'un mécanisme d'évaluation périodique, combiné à des audits internes, permet de mesurer l'efficacité des processus de suivi et d'identifier les axes d'amélioration. Ces évaluations, réalisées de manière régulière, offrent une opportunité de réajuster les stratégies et d'optimiser les ressources pour mieux répondre aux défis émergents.

Points à retenir : *Le chapitre 2 expose les fondements d'une gestion rationnelle des actifs pétroliers non opérés en insistant sur l'importance d'une approche globale reposant sur la transparence et la redevabilité. Il souligne la nécessité d'établir des mécanismes de contrôle interne et externe pour garantir la diffusion régulière de rapports financiers et techniques, indispensables à la prise de décisions éclairées. Il est abordé également l'évaluation rigoureuse des risques techniques et financiers à travers l'utilisation d'outils de modélisation avancés, d'analyses de sensibilité et de scénarios prospectifs, afin d'anticiper les fluctuations du marché et de préparer des plans d'action adéquats. L'intégration d'indicateurs de performance clés permet de mesurer l'efficacité opérationnelle, financière et environnementale, tandis que l'adoption de systèmes de reporting modernes et de tableaux de bord interactifs facilite une gestion proactive et une amélioration continue des processus. En somme, ce chapitre définit une stratégie de gestion fondée sur la collecte, l'analyse et le contrôle de l'information, conditions sine qua non pour assurer la stabilité et la durabilité des investissements dans le secteur pétrolier.*

Chapitre 3
Suivi Technique des Actifs Non Opérés

Le suivi technique des actifs non opérés constitue une mission incontournable pour les partenaires qui ne sont pas directement impliqués dans les opérations quotidiennes des champs pétroliers. Dans un environnement où la maîtrise des risques et l'optimisation des performances techniques sont essentielles, ce rôle se décline en une multitude d'activités allant de la vérification des plannings d'activités à l'analyse détaillée des rapports techniques, en passant par le contrôle de la conformité aux normes internationales et la gestion sécurisée des données. Ce chapitre vise à détailler les processus et méthodologies mis en place pour assurer la transparence et la robustesse de la gestion des actifs, tout en garantissant que les investissements et les opérations se déroulent dans le respect des standards de qualité et de sécurité.

3.1 Surveillance des Opérations des Partenaires

La première étape dans le suivi technique consiste à surveiller de près les opérations réalisées par les partenaires opérateurs. Ce suivi est crucial pour valider que chaque activité est conforme aux engagements contractuels et aux meilleures pratiques industrielles. La surveillance repose sur plusieurs axes :

3.1.1 Vérification des Plannings d'Activités

La planification rigoureuse des activités constitue la pierre angulaire de toute opération pétrolière. À ce titre, l'analyse des programmes soumis par l'opérateur permet de s'assurer que les engagements pris en matière de forage, de maintenance et de production sont bien respectés :

- **Examen des Programmes**

Les partenaires non opérateurs effectuent une analyse détaillée des calendriers d'activités. Ils vérifient la cohérence des programmes avec les objectifs stratégiques du projet, en s'assurant que chaque étape est bien calibrée pour atteindre les résultats escomptés. Cette analyse inclut également l'évaluation de la capacité de l'opérateur à respecter les délais et à anticiper les éventuels retards.

- **Identification et Anticipation des Risques**

Une attention particulière est portée à la détection des risques potentiels. Les retards, les incohérences dans l'ordonnancement des tâches ou encore les imprévus techniques peuvent induire des surcoûts ou des pertes de production. Une analyse préventive permet d'identifier ces points sensibles et de mettre en œuvre des mesures correctives dès les premières manifestations de dysfonctionnements.

- **Priorisation des Étapes Critiques**

Certaines étapes, notamment celles qui concernent le forage dans des zones à fort potentiel géologique, sont identifiées comme critiques. La priorisation de ces activités permet d'optimiser l'impact économique global du projet. Les partenaires s'assurent également que les ressources allouées aux étapes cruciales sont adéquatement planifiées et que les indicateurs de performance (KPI) associés sont définis et suivis.

3.1.2 Suivi des Rapports Quotidiens d'Opération

Le contrôle quotidien des opérations repose sur une analyse fine et constante des rapports produits par l'opérateur. Ces rapports, qui regroupent des données opérationnelles en temps réel, constituent un outil précieux pour détecter rapidement les écarts par rapport aux prévisions initiales.

- **Analyse des Données et des Indicateurs**

Chaque rapport quotidien est minutieusement décortiqué pour extraire des informations sur les volumes de production, les interruptions éventuelles, les incidents techniques et les événements imprévus. Ces données permettent de mesurer l'efficacité des opérations et d'identifier d'éventuelles anomalies qui pourraient impacter la performance globale.

- **Comparaison avec les Prévisions**

La confrontation entre les performances réelles et les prévisions initiales est un exercice indispensable pour évaluer la fiabilité des estimations. En cas d'écarts significatifs, une analyse approfondie permet de comprendre les raisons sous-jacentes, qu'il s'agisse de problèmes techniques, de conditions géologiques défavorables ou de fluctuations imprévues du marché.

- **Détection des Tendances et Analyse Prédictive**

En plus du contrôle quotidien, une analyse statistique des rapports sur plusieurs jours, voire semaines, permet d'identifier des tendances émergentes. La détection d'anomalies récurrentes ou de variations inhabituelles des indicateurs opérationnels offre la possibilité de mettre en place des actions préventives et d'ajuster les stratégies opérationnelles en conséquence.

3.1.3 Contrôle sur Site

Pour garantir la conformité des opérations et la qualité de l'exécution, des inspections régulières sur site sont organisées. Ces visites sur le terrain permettent d'évaluer directement la mise en œuvre des travaux et d'interagir avec les équipes techniques.

- **Inspections Périodiques et Visites de Terrain**

Des visites programmées permettent de vérifier que les opérations sont conduites conformément aux plans approuvés. Ces inspections sur site constituent également une opportunité pour recueillir des informations de première main sur l'état des installations et la performance des équipements.

- **Contrôle de la Sécurité et des Procédures**

Le respect strict des normes de sécurité est impératif dans l'industrie pétrolière. Les contrôles sur site incluent une vérification rigoureuse de la conformité aux protocoles de sécurité, de la formation des équipes, ainsi que de l'état et de la maintenance des équipements critiques tels que les systèmes de prévention des éruptions (BOP) et autres dispositifs de sécurité.

- **Recueil des Retours d'Expérience (RETEX)**

La collecte de feedback auprès des équipes sur le terrain est essentielle pour améliorer continuellement les processus. Les échanges informels et formels permettent d'identifier les points d'amélioration, d'optimiser les procédures de maintenance et de renforcer la sécurité opérationnelle.

3.2 Analyse des Rapports Techniques

L'analyse des rapports techniques est un volet déterminant du suivi des actifs non opérés. Ces rapports, produits à différentes étapes du cycle de vie de l'actif – exploration, développement ou production – fournissent des informations détaillées sur la performance et la viabilité des opérations.

3.2.1 Dépouillement des Logs de Forage

Le traitement des logs de forage constitue la première étape d'évaluation technique. Il s'agit d'un processus minutieux visant à extraire des informations essentielles sur la géologie du sous-sol et le potentiel en hydrocarbures :

- **Identification des Formations Géologiques**

L'analyse des logs permet d'identifier avec précision les formations rencontrées lors du forage. Ces informations sont cruciales pour estimer la présence et la qualité des hydrocarbures, en se basant sur des paramètres tels que la porosité, la perméabilité et la saturation en fluides.

- **Comparaison avec les Prévisions Géologiques**

Les données recueillies sont systématiquement confrontées aux prévisions géologiques établies en amont. Cette comparaison permet d'affiner les modèles de réservoir et d'ajuster les stratégies d'exploration. En cas de divergence, des investigations supplémentaires sont menées pour comprendre les écarts et réviser les hypothèses initiales.

- **Évaluation du Potentiel de Production**

Les résultats issus de l'analyse des logs de forage fournissent une première estimation des volumes récupérables. Cette évaluation permet aux partenaires non opérateurs de valider la faisabilité économique des investissements futurs et d'orienter les décisions stratégiques en matière de développement du champ.

3.2.2 Analyse des Tests de Production

Une fois le forage terminé, les tests de production offrent une vision concrète des performances réelles du réservoir. L'analyse de ces tests est cruciale pour identifier les points faibles et proposer des améliorations techniques :

- **Examen des Débits et des Pressions**

Les données relatives aux débits d'extraction et aux variations de pression constituent des indicateurs clés de la productivité du puits. Une analyse fine permet d'identifier les éventuels problèmes tels que des obstructions, des pertes de pression ou des inefficacités dans les équipements de pompage.

- **Contrôle de la Qualité des Hydrocarbures**

La composition des hydrocarbures produits est également évaluée. Une variation significative de la qualité peut indiquer des dysfonctionnements dans le processus de séparation ou des problèmes liés à la composition géologique de la formation.

- **Évaluation des Performances des Équipements de Surface**

Outre les aspects liés au réservoir, l'analyse intègre une évaluation des équipements en surface. Le fonctionnement optimal des installations de traitement, de séparation et de transport est vérifié, ce qui permet d'identifier des opportunités d'optimisation ou de remplacement afin de maximiser l'efficacité opérationnelle.

3.2.3 Contrôle des Installations et des Unités Opérationnelles

Les infrastructures mises en place, telles que les plateformes, les installations sous-marines ou les unités de traitement, doivent répondre à des normes strictes de performance et de sécurité :

- **Vérification de la Conformité Technique**

Chaque installation est soumise à une série de contrôles techniques pour s'assurer de sa conformité aux normes en vigueur. Cela inclut une inspection visuelle, des tests fonctionnels ainsi que des vérifications de l'intégration des différents systèmes.

- **Identification des Risques d'Infrastructure**

L'analyse des installations permet d'identifier les zones potentielles de risque, telles que l'usure prématurée de certains équipements ou la présence de défauts de fabrication. Ces informations sont cruciales pour mettre en place des mesures de prévention et planifier des travaux de maintenance corrective ou préventive.

- **Optimisation de l'Intégration des Systèmes**

La performance globale dépend de l'interconnexion efficace des systèmes de production, de surveillance et de sécurité. Un audit régulier de l'intégration des systèmes permet de réduire les risques de dysfonctionnement, d'améliorer la coordination entre les différentes unités opérationnelles et de diminuer les coûts liés aux retards ou aux pannes.

3.2.4 Modélisation du Réservoir et Simulations

La mise en place de modèles numériques avancés est indispensable pour prévoir les performances futures du réservoir et planifier les investissements :

- **Construction et Validation des Modèles**

À partir des données issues des logs de forage, des tests de production et des contrôles d'infrastructures, des modèles de réservoir sont élaborés. Ces modèles intègrent des paramètres géologiques et opérationnels afin de simuler divers scénarios d'exploitation.

- **Simulation des Scénarios d'Exploitation**

Les modèles permettent d'envisager plusieurs scénarios en fonction des hypothèses relatives aux volumes de production, aux variations de pression et aux fluctuations des prix des hydrocarbures. Ces simulations offrent une vision prospective permettant aux partenaires d'anticiper les évolutions du champ et d'adapter leur stratégie en conséquence.

- **Ajustement des Stratégies d'Investissement**

Les résultats des simulations sont utilisés pour optimiser la planification des investissements. L'objectif est de maximiser la récupération des hydrocarbures tout en évitant des dépenses inutiles ou mal calibrées par rapport aux perspectives économiques du projet.

3.2.5 Comparaison avec les Benchmarks et Retours d'Expérience

Pour garantir une compétitivité et une performance optimales, il est essentiel de comparer les résultats obtenus avec des standards industriels reconnus :

- **Benchmarks Techniques et Opérationnels**

Les performances des installations et des puits sont comparées aux meilleures pratiques et aux standards observés dans d'autres champs pétroliers similaires. Cette analyse comparative permet d'identifier des écarts de performance et de proposer des pistes d'amélioration concrètes.

- **Intégration des Retours d'Expérience**

Les leçons tirées des opérations passées, qu'il s'agisse d'anomalies constatées ou d'initiatives ayant conduit à des gains de performance, sont intégrées dans le processus décisionnel. Le partage des retours d'expérience entre les partenaires renforce la résilience opérationnelle et permet d'adopter une démarche d'amélioration continue.

- **Évolution des Normes et Adoption des Innovations**

Dans un contexte technologique en perpétuelle évolution, l'alignement sur des benchmarks internationaux oblige également à intégrer des innovations techniques. La veille technologique et l'évaluation de nouvelles solutions (outils de monitoring avancés, systèmes de diagnostic prédictif, etc.) constituent un levier essentiel pour maintenir une compétitivité accrue.

3.3 Contrôle de la Conformité aux Standards Internationaux

Le respect des normes internationales représente une exigence incontournable dans le secteur pétrolier, tant pour garantir la sécurité des opérations que pour préserver l'environnement. Ce contrôle s'articule autour de plusieurs axes :

3.3.1 Normes Environnementales

Le secteur pétrolier est soumis à des réglementations strictes visant à limiter l'impact environnemental des opérations. Ainsi, le suivi technique intègre :

- **Respect des Réglementations sur les Émissions Atmosphériques**

Les activités doivent se conformer aux normes relatives aux émissions de gaz à effet de serre et de polluants atmosphériques. Des contrôles réguliers sont effectués pour vérifier que les installations disposent de systèmes de filtration et de réduction des émissions efficaces.

- **Gestion des Eaux Usées et Traitement des Déchets**

Le traitement des eaux usées et la gestion des déchets industriels sont des éléments critiques pour éviter toute contamination des milieux naturels. Des audits environnementaux permettent de valider la conformité des plans de traitement et des infrastructures associées, ainsi que l'efficacité des mesures de prévention contre les déversements accidentels.

- **Mise en Place de Plans de Prévention des Déversements**

Des protocoles stricts sont élaborés pour prévenir et gérer les risques de déversements d'hydrocarbures. Ces plans incluent des procédures d'intervention rapide et des dispositifs de confinement, dont l'efficacité est régulièrement évaluée par des audits internes et des inspections indépendantes.

3.3.2 Standards de Sécurité

La sécurité des opérations pétrolières est un enjeu primordial qui nécessite une conformité rigoureuse aux standards internationaux :

- **Vérification des Équipements Critiques**

Les équipements de sécurité, notamment les systèmes de prévention des éruptions (BOP) et autres dispositifs critiques, sont vérifiés pour garantir leur conformité aux recommandations des organismes de référence, tels que l'API (American Petroleum Institute).

- **Formations et Qualifications des Équipes**

La compétence des équipes est assurée par des formations régulières et des évaluations continues. Les opérateurs et techniciens sont soumis à des sessions de formation en sécurité, incluant des simulations d'urgence, afin de garantir une réaction efficace en cas d'incident.

- **Mise en Place d'Audits de Sécurité Indépendants**

Des revues de sécurité menées par des experts tiers permettent de valider l'ensemble des procédures en place. Ces audits, souvent mandatés par les partenaires non opérateurs, aboutissent à des rapports détaillés qui servent de base pour l'implémentation d'actions correctives et l'amélioration continue des pratiques.

3.3.3 Audit de Conformité

L'audit de conformité représente une étape cruciale pour vérifier que l'ensemble des opérations se déroule dans le respect des normes internationales :

- **Organisation d'Audits Internes et Externes**

Des audits réguliers sont réalisés, tant par les équipes internes que par des consultants externes, afin de vérifier l'application rigoureuse des standards en matière de sécurité et d'environnement. Ces audits permettent de mettre en évidence des éventuelles non-conformités et de recommander des mesures correctives adaptées.

- **Établissement de Rapports Détaillés et Recommandations**

Chaque audit donne lieu à un rapport complet qui identifie les points faibles et propose des recommandations précises pour améliorer la conformité. Ces rapports constituent un outil essentiel pour orienter les décisions opérationnelles et stratégiques.

- **Suivi et Mise en Œuvre des Actions Correctives**

Un système de suivi rigoureux assure que les recommandations issues des audits sont mises en œuvre dans les délais impartis. Des indicateurs de performance spécifiques permettent de mesurer l'efficacité des actions correctives et d'ajuster les processus si nécessaires.

3.4 Gestion des Données Techniques et Préservation de la Confidentialité

La gestion sécurisée des données techniques est un pilier fondamental dans le secteur pétrolier. En effet, les informations relatives aux logs de forage, aux rapports de production et aux évaluations géologiques revêtent une importance stratégique pour la prise de décision.

3.4.1 Centralisation et Organisation des Données

Pour garantir une exploitation optimale des informations, il est impératif de centraliser et d'organiser l'ensemble des données techniques :

- **Utilisation de Bases de Données Sécurisées**

Les données collectées lors des différentes étapes opérationnelles sont stockées dans des bases de données sécurisées. L'utilisation de solutions de gestion de données sophistiquées permet d'assurer la traçabilité et la disponibilité des informations en temps réel.

- **Organisation Structurée et Accès Facilitée**

Une structuration claire des données – par catégories, par périodes d'opération, ou par types d'équipements – facilite l'accès aux informations pour les analyses et les audits. Cette organisation permet également de réduire le temps nécessaire à la recherche et à l'extraction des données critiques.

3.4.2 Accès Contrôlé et Sécurisation des Informations

La confidentialité des informations techniques est essentielle pour préserver les intérêts économiques et stratégiques des partenaires :

- **Systèmes d'Authentification et Droits d'Accès**

La mise en place de systèmes d'authentification forte, associés à des droits d'accès définis en fonction des rôles et responsabilités, assure que seules les personnes autorisées peuvent accéder aux données sensibles. Ces mesures de sécurité limitent les risques de fuite ou de mauvaise utilisation des informations stratégiques.

- **Protection Contre les Cybermenaces**

Dans un contexte de menace croissante des cyberattaques, l'adoption de solutions de cybersécurité avancées est indispensable. Pare-feu, systèmes de détection d'intrusion et sauvegardes régulières constituent autant de dispositifs visant à protéger l'intégrité et la confidentialité des données.

3.4.3 Archivage et Conservation à Long Terme

La préservation des données techniques sur le long terme est un autre aspect essentiel de la gestion des actifs non opérés :

- **Protocoles d'Archivage Sécurisé**

Des protocoles stricts sont définis pour l'archivage des données critiques, afin d'assurer leur accessibilité en cas de besoin futur ou d'évaluations réglementaires. Ces protocoles incluent des procédures de sauvegarde régulières et des vérifications périodiques de l'intégrité des archives.

- **Conformité aux Exigences Légales**

L'archivage doit être réalisé conformément aux exigences légales en vigueur. Des audits réguliers garantissent que les archives sont tenues à jour et que leur accès est réservé aux personnes autorisées, conformément aux régulations en matière de protection des données.

3.4.4 Intégration des Nouvelles Technologies

L'évolution rapide des technologies offre de nouvelles opportunités pour améliorer la gestion des données techniques :

- **Outils d'Analyse et d'Intelligence Artificielle**

L'intégration d'outils d'analyse avancés, utilisant l'intelligence artificielle et le machine learning, permet de détecter des patterns et des anomalies dans les données recueillies. Ces technologies offrent une capacité d'anticipation qui peut transformer la manière dont les partenaires non opérateurs anticipent et réagissent aux évolutions du terrain.

- **Interfaces Utilisateur et Tableaux de Bord**

Le développement d'interfaces ergonomiques et de tableaux de bord interactifs permet aux décideurs d'accéder facilement aux informations essentielles. Ces outils favorisent une prise de décision rapide et éclairée, en fournissant des visualisations claires des données opérationnelles et techniques.

Chapitre 4

Suivi Financier et Optimisation des Revenus

La gestion financière des actifs non opérés dans le secteur pétrolier est une discipline stratégique qui nécessite une expertise approfondie et des outils analytiques pointus. Ce chapitre se penche sur les méthodes de suivi financier, l'analyse des coûts et revenus, l'audit des flux financiers ainsi que l'utilisation des outils de modélisation économique pour optimiser les performances et garantir une transparence totale dans la gestion des ressources.

4.1 Analyse des Coûts et Revenus

Une analyse financière rigoureuse constitue la base d'une gestion optimale des actifs non opérés. Elle permet non seulement d'évaluer la rentabilité des opérations, mais aussi d'identifier les marges d'amélioration en matière de réduction des coûts et d'optimisation des revenus.

4.1.1 Identification des Coûts Directs et Indirects

La maîtrise des coûts est essentielle pour assurer la viabilité économique d'un projet pétrolier. Les dépenses se répartissent en plusieurs catégories :

- **Coûts de Capital (CAPEX)**

Les investissements initiaux destinés au développement des infrastructures (plateformes offshores, pipelines, unités de traitement) représentent une part significative des dépenses. Ces coûts comprennent également :

o Les frais de forage et d'achèvement des puits, dont le montant varie en fonction de la complexité géologique et des technologies employées.

o L'acquisition et l'installation de technologies avancées (systèmes de monitoring, outils de diagnostic, équipements de séparation), qui contribuent à optimiser l'efficacité opérationnelle sur le long terme.

- **Frais d'Opération (OPEX)**

Les coûts d'exploitation regroupent les dépenses courantes liées à la maintenance, à la logistique et à la gestion quotidienne des installations :

o Les frais de maintenance des équipements critiques (compresseurs, pompes, systèmes de sécurité) qui nécessitent une attention particulière pour éviter des pannes coûteuses.

o Les dépenses logistiques, incluant le transport des hydrocarbures, qui représentent un poste de dépenses stratégique nécessitant une optimisation continue.

o Les coûts liés à la formation et à la qualification des équipes, afin de garantir un niveau de compétence optimal et de minimiser les risques d'incidents opérationnels.

- **Redevances et Taxes**

Les obligations financières envers les autorités locales ou nationales se traduisent par des redevances et des taxes, dont le calcul repose sur des formules prédéfinies:

o Les royalties, souvent calculées en pourcentage des revenus bruts, constituent une part incontournable du modèle financier.

○ Les taxes sur les bénéfices, qui varient selon la fiscalité en vigueur dans la région d'exploitation, et qui doivent être intégrées dès la phase de modélisation économique du projet.

4.1.2 Suivi et Gestion des Flux de Revenus

Le suivi des flux de revenus permet d'assurer une gestion saine et transparente des rentrées d'argent issues de l'exploitation des actifs :

- **Royalties**

La collecte et la distribution des royalties doivent être réalisées de manière transparente. Des mécanismes de contrôle permettent de s'assurer que les paiements correspondent aux volumes réels de production et aux modalités contractuelles en vigueur.

- **Dividendes**

La répartition des bénéfices entre les actionnaires repose sur une stratégie équilibrée entre réinvestissement et distribution de dividendes. Une gestion efficace des dividendes permet de maintenir la confiance des investisseurs tout en assurant la pérennité des opérations.

- **Parts de Production et Partage de Production (PSA)**

Dans le cadre des accords de partage de production, il est essentiel de suivre rigoureusement les volumes de production attribués à chaque partie. Une gestion minutieuse des parts de production permet d'optimiser les revenus et d'éviter les litiges entre partenaires.

4.1.3 Analyse de la Marge Bénéficiaire

L'analyse des marges bénéficiaires constitue un indicateur fondamental pour évaluer la rentabilité des opérations :

- **Marge Brute**

Calculée avant la prise en compte des frais indirects, la marge brute offre une première mesure de la performance opérationnelle. Un taux élevé indique une efficacité dans la production et une bonne gestion des coûts directs.

- **Marge Opérationnelle**

En intégrant les frais d'exploitation, la marge opérationnelle fournit une vision plus globale de la rentabilité. Elle permet d'identifier les domaines où des optimisations sont possibles pour améliorer l'efficacité globale du projet.

- **Marge Nette**

Après déduction de toutes les charges, y compris les taxes et les intérêts, la marge nette reflète la valeur économique véritable créée par l'exploitation. Cette analyse finale est indispensable pour orienter les décisions stratégiques à long terme.

4.1.4 Comparaison avec les Prévisions et Analyse des Écarts

La confrontation entre les performances réelles et les prévisions budgétaires permet de détecter des écarts et d'en comprendre les causes :

- **Identification des Déviations**

Les écarts peuvent être liés à des dépenses imprévues, des fluctuations du marché des hydrocarbures ou des variations opérationnelles. Une analyse détaillée de ces déviations permet de réajuster les hypothèses initiales et d'améliorer la précision des prévisions futures.

- **Utilisation d'Outils Analytiques Modernes**

Des tableaux de bord interactifs et des modèles prédictifs sont utilisés pour surveiller en temps réel les indicateurs financiers clés (KPI). Ces outils facilitent une analyse continue des performances et permettent d'anticiper les tendances à venir.

- **Ajustement des Hypothèses Financières**

Forts des enseignements tirés des écarts constatés, les décideurs révisent régulièrement les modèles financiers afin de renforcer la résilience des opérations face aux incertitudes du marché.

4.2 Audit des Flux Financiers

Un audit financier rigoureux est indispensable pour garantir la transparence et la fiabilité des transactions relatives aux actifs non opérés. L'objectif est de vérifier la conformité des pratiques financières avec les obligations contractuelles et de détecter d'éventuelles irrégularités.

4.2.1 Examen des Contrats Financiers

Les contrats financiers, tels que les accords de partage de production (PSA) et les conventions de joint-venture, sont passés en revue afin de s'assurer de leur application rigoureuse :

- **Vérification de la Conformité Contractuelle**

Chaque clause financière est minutieusement examinée pour s'assurer que les modalités de répartition des revenus, de calcul des royalties et de prise en charge des coûts recouvrables sont respectées par toutes les parties.

- **Examen des Modalités de Paiement**

Les conditions de paiement, incluant les échéances, les taux d'intérêt et les pénalités en cas de retard, sont vérifiées afin d'assurer une fluidité dans la circulation des fonds et d'éviter toute situation conflictuelle.

- **Identification des Risques Contractuels**

L'analyse des contrats permet d'identifier des clauses ambiguës ou potentiellement conflictuelles qui pourraient donner lieu à des différends ultérieurs. Ces risques sont ensuite communiqués aux décideurs pour une prise de décision éclairée.

4.2.2 Analyse et Contrôle des Dépenses

Le contrôle des dépenses réalisées par les opérateurs est un élément central de l'audit financier :

- **Revue des États Financiers**

Les coûts d'exploitation (OPEX), les coûts en capital (CAPEX) et les frais administratifs sont comparés aux budgets prévisionnels pour détecter toute anomalie ou dépassement. Ce suivi permet de garantir que chaque dépense est justifiée et conforme aux attentes.

- **Validation des Justificatifs**

Chaque dépense est accompagnée de documents justificatifs tels que des factures, des bons de commande et des contrats. L'audit consiste à vérifier la cohérence et la véracité de ces documents pour éviter les fraudes ou les erreurs comptables.

- **Contrôle et Analyse des Écarts**

Les écarts significatifs entre les dépenses réelles et les estimations budgétaires sont analysés en profondeur. L'identification des causes sous-jacentes permet d'ajuster les prévisions et d'optimiser la gestion financière future.

4.2.3 Vérification des Paiements

La gestion rigoureuse des flux entrants et sortants assure que les paiements sont effectués conformément aux accords contractuels :

- **Suivi des Flux Entrants**

Les montants reçus, qu'il s'agisse de royalties, de parts de production ou de dividendes, sont vérifiés en temps réel. Cette vérification repose sur une comparaison entre les prévisions et les données réelles de production, assurant ainsi une transparence totale.

- **Contrôle des Délais de Paiement**

Les délais de paiement sont scrupuleusement contrôlés afin de s'assurer que les fonds sont versés dans les échéances prévues. Tout retard est immédiatement signalé et traité par des actions correctives.

- **Gestion et Résolution des Litiges**

En cas d'irrégularités ou de retards dans les paiements, des procédures de gestion des litiges sont mises en place pour résoudre rapidement les conflits et rétablir la conformité des flux financiers.

4.2.4 Production des Rapports d'Audit

Les résultats de l'audit financier sont synthétisés dans des rapports détaillés qui servent de base pour des actions correctives et l'amélioration continue :

- **Identification des Irrégularités**

Les rapports mettent en évidence les zones de non-conformité, telles que des dépenses non justifiées ou des écarts significatifs par rapport aux budgets. Ces observations sont accompagnées d'analyses approfondies des causes et des impacts potentiels.

- **Recommandations et Plans d'Action**

Sur la base des constats réalisés, des recommandations concrètes sont formulées afin d'optimiser les processus financiers et de prévenir de futurs écarts. Un plan d'action détaillé est alors mis en place, avec des indicateurs de suivi permettant de mesurer l'efficacité des mesures correctives.

- **Suivi Continu et Réévaluation**

Les rapports d'audit font l'objet d'un suivi régulier, garantissant que les recommandations sont appliquées et que la gestion financière reste alignée sur les exigences contractuelles et réglementaires.

4.3 Utilisation des Outils de Modélisation Économique

Les outils de modélisation économique jouent un rôle central dans l'évaluation et la planification des performances financières des actifs non opérés. Ils permettent aux décideurs d'anticiper les évolutions du marché et d'optimiser les investissements en se basant sur des données robustes et des analyses prospectives.

4.3.1 Modèles de Flux de Trésorerie Actualisés (DCF)

Les modèles DCF sont largement utilisés pour évaluer la valeur économique d'un actif en tenant compte des flux de trésorerie futurs :

- **Calcul de la Valeur Nette Présente (NPV)**

Cet indicateur permet de quantifier la valeur des flux de trésorerie futurs actualisés à un taux défini, prenant en compte le coût du capital et les risques associés à l'exploitation. La NPV est un critère clé pour déterminer la viabilité économique d'un projet.

- **Détermination du Taux Interne de Rentabilité (IRR)**

L'IRR indique le rendement attendu de l'investissement, facilitant ainsi la comparaison avec des seuils d'acceptabilité et d'autres opportunités d'investissement. Une IRR élevée est souvent synonyme d'un projet bien calibré et économiquement viable.

- **Formulation et Validation des Hypothèses**

Les modèles DCF reposent sur des hypothèses clés concernant les prix des hydrocarbures, les coûts d'exploitation et les volumes de production prévus. Ces hypothèses sont réévaluées régulièrement pour tenir compte des fluctuations du marché et des retours d'expérience.

4.3.2 Analyses de Sensibilité

Les analyses de sensibilité permettent de mesurer l'impact des variations des paramètres clés sur les résultats financiers :

- **Scénarios de Variation des Prix**

L'évolution des prix du pétrole et du gaz est simulée afin d'identifier des seuils critiques et d'évaluer la robustesse économique face aux fluctuations du marché.

- **Impact des Variations des Coûts**

L'augmentation ou la diminution des coûts d'exploitation est analysée pour mesurer son impact sur la rentabilité globale. Cette analyse aide à identifier les leviers de réduction des coûts et à anticiper les situations de stress financier.

- **Modélisation des Fluctuations des Volumes de Production**

Les scénarios prenant en compte des variations potentielles des volumes de production permettent de simuler différents contextes opérationnels, allant des situations optimistes aux scénarios pessimistes. Ces analyses offrent une vision complète des opportunités et des risques associés.

4.3.3 Scénarios Économiques et Prise de Décision Stratégique

La combinaison des résultats issus des modèles DCF, des analyses de sensibilité et des scénarios économiques permet aux décideurs d'adopter des stratégies d'investissement et de gestion adaptées :

- **Développement de Scénarios Prospects**

Des scénarios optimistes, pessimistes et neutres sont élaborés pour simuler différentes trajectoires économiques. Chaque scénario intègre des hypothèses spécifiques concernant l'évolution des prix, des coûts et des volumes de production.

- **Priorisation des Investissements**

En comparant les rendements attendus ajustés au risque, les décideurs peuvent identifier les actifs offrant le meilleur compromis entre rentabilité et sécurité. Cette approche permet de concentrer les ressources sur les projets les plus prometteurs et d'éviter des investissements peu rentables.

- **Stratégies de Négociation et de Partenariat**

Les données robustes issues des modélisations économiques fournissent une base solide pour les négociations avec les partenaires et les investisseurs. Elles permettent de défendre les décisions stratégiques et de renforcer la crédibilité des analyses financières auprès des parties prenantes.

4.4 Mise en Place de Mécanismes d'Évaluation et de Reporting

Pour garantir une gestion optimale et transparente des actifs non opérés, il est impératif d'implémenter des mécanismes d'évaluation et de reporting réguliers :

4.4.1 Définition des Indicateurs de Performance Clés (KPI)

Les KPI financiers et opérationnels offrent une vision synthétique de la performance des actifs et permettent une prise de décision éclairée :

- **Indicateurs de Production et de Coûts**

Des indicateurs spécifiques mesurant les volumes de production, les coûts d'exploitation et la rentabilité sont définis et suivis en temps réel. Ces indicateurs permettent d'identifier rapidement les écarts par rapport aux prévisions et de mettre en place des actions correctives.

- **Mesure de la Rentabilité et des Marges**

Les marges brutes, opérationnelles et nettes sont calculées régulièrement pour évaluer la performance économique globale. Ces indicateurs sont comparés aux benchmarks de l'industrie pour situer les performances par rapport aux standards du marché.

4.4.2 Outils de Visualisation et Tableaux de Bord Financiers

La mise en place de tableaux de bord interactifs facilite la communication des informations financières aux parties prenantes :

- **Interfaces Visuelles Intuitives**

Des outils de visualisation des données, tels que des graphiques et des indicateurs interactifs, permettent de suivre en temps réel l'évolution des KPI et d'identifier rapidement les tendances ou anomalies.

- **Rapports Périodiques et Revues de Performance**

La production de rapports trimestriels ou annuels synthétise les résultats financiers et opérationnels, fournissant ainsi une vue d'ensemble claire pour les décideurs et les investisseurs. Ces revues de performance servent de base pour ajuster les stratégies et améliorer la gestion des actifs.

4.4.3 Coordination et Communication entre les Partenaires

La transparence et la coopération entre les différents acteurs d'une joint-venture sont essentielles pour assurer le succès à long terme :

- **Réunions de Coordination Régulières**

Des réunions périodiques entre les partenaires, incluant les équipes techniques et financières, permettent d'échanger sur l'état des opérations, d'identifier des axes d'amélioration et de planifier des actions correctives. Ces réunions favorisent également le partage des meilleures pratiques et des retours d'expérience.

- **Portails Collaboratifs et Plateformes de Reporting**

L'utilisation de plateformes digitales dédiées permet de centraliser les données, de faciliter les échanges et d'assurer une transparence totale entre les parties prenantes. Ces portails offrent un accès sécurisé aux informations critiques et permettent un suivi en temps réel des indicateurs de performance.

- **Mécanismes de Feedback et d'Amélioration Continue**

L'intégration de systèmes de feedback permet aux équipes de partager leurs observations et de contribuer à l'amélioration des processus. Cette approche collaborative favorise une dynamique d'amélioration continue, essentielle pour rester compétitif dans un secteur en constante évolution.

Chapitre 5

Coopération et Communication avec les Opérateurs

La gestion efficace des actifs dans le secteur des hydrocarbures repose sur la qualité et la profondeur de la collaboration entre les propriétaires d'actifs (souvent les États ou les entités publiques) et les opérateurs privés chargés de l'exploitation. Une coopération harmonieuse permet de conjuguer les compétences techniques et commerciales de l'opérateur avec la vision stratégique et les intérêts nationaux du propriétaire. Dans ce contexte, il apparaît essentiel de mettre en place un cadre structuré fondé sur la confiance, la transparence, la communication continue et l'engagement partagé envers des objectifs communs. Ce chapitre détaille les différents aspects de cette interaction, en insistant sur la construction de relations solides, la négociation efficace pour maximiser les intérêts nationaux, la gestion proactive des conflits et la formation continue des parties prenantes. Il intègre également des exemples concrets et des recommandations pratiques qui illustrent comment instaurer et maintenir une coopération fructueuse.

5.1 Établissement de relations de confiance

La confiance constitue le socle de toute relation professionnelle pérenne. Dans le secteur des hydrocarbures, où les enjeux financiers, environnementaux et sociaux sont considérables, instaurer et maintenir une relation de confiance entre les propriétaires d'actifs et les opérateurs est impératif. Cette confiance se construit par des pratiques de transparence, une communication ouverte, ainsi qu'un alignement sur des valeurs et objectifs communs.

5.1.1 Transparence dans les rapports financiers et opérationnels

La transparence joue un rôle primordial dans la construction de la confiance. Les propriétaires d'actifs attendent des opérateurs qu'ils fournissent des rapports financiers détaillés, des informations sur les coûts d'exploitation, ainsi que des indicateurs de performance des actifs. Cette transparence permet d'identifier rapidement les écarts budgétaires, de vérifier l'utilisation optimale des ressources et d'anticiper les besoins d'investissement.

Par exemple, un opérateur qui publie régulièrement des rapports incluant des tableaux de bord financiers, des rapports de maintenance préventive et corrective, ainsi que des indicateurs de performance environnementale, offre aux parties prenantes une vision claire de l'état des opérations. Le suivi rigoureux des dépenses liées à la maintenance, aux mises à niveau technologiques ou aux initiatives d'amélioration continue constitue non seulement une garantie de bonne gestion, mais également un levier pour instaurer une relation durable fondée sur la confiance.

En outre, la mise en place d'audits réguliers menés par des tiers indépendants peut renforcer cette transparence. Ces audits, portés sur les aspects financiers et opérationnels, offrent une assurance supplémentaire quant à la conformité des pratiques aux normes internationales et aux engagements contractuels. Ainsi, la transparence ne se limite pas à la simple communication d'informations, mais se traduit par un engagement à fournir une image fidèle et vérifiable de l'activité opérationnelle.

5.1.2 Rencontres régulières

Pour consolider la relation de confiance, il est essentiel d'instaurer des rencontres régulières entre les différentes parties prenantes. Ces réunions, qui peuvent être organisées sur une base mensuelle, trimestrielle ou semestrielle, permettent de partager les avancées, d'identifier les obstacles et de discuter des perspectives d'évolution.

Par exemple, l'organisation d'un comité de pilotage réunissant des représentants des deux parties peut être très bénéfique. Lors de ces réunions, des sujets tels que l'analyse des performances opérationnelles, la révision des indicateurs clés de performance (KPI), la mise à jour des prévisions financières et les révisions stratégiques peuvent être abordés. Ces échanges réguliers favorisent une meilleure compréhension des enjeux, permettent d'ajuster les plans d'action en fonction des résultats obtenus et renforcent la cohésion autour d'un objectif commun.

De plus, ces rencontres constituent une occasion de valoriser les initiatives prises par chacune des parties. Par exemple, la reconnaissance des efforts d'optimisation énergétique ou la mise en œuvre de technologies innovantes peuvent être félicitées et partagées lors de ces sessions, renforçant ainsi le sentiment de collaboration et d'appartenance à un projet commun.

5.1.3 Utilisation d'outils technologiques

À l'ère du numérique, les technologies de l'information offrent des outils performants pour améliorer la coopération entre les propriétaires d'actifs et les opérateurs. L'utilisation de plateformes collaboratives permet un accès instantané aux données en temps réel, facilitant ainsi le suivi des projets et la prise de décisions éclairées.

Les logiciels de gestion de projet en ligne, par exemple, permettent de centraliser toutes les informations relatives aux opérations : planning, budgets, indicateurs de performance, et même documents contractuels. L'accès à ces outils renforce la transparence, réduit les délais de communication et limite les risques d'interprétation erronée des données. En intégrant des systèmes de reporting automatisés, il est possible de générer des rapports périodiques qui détaillent l'évolution des projets et les écarts par rapport aux objectifs initiaux.

Par ailleurs, l'utilisation de technologies de visualisation de données (dashboards) offre une vision synthétique et dynamique de l'activité, permettant aux décideurs de suivre en temps réel la performance des actifs. Ces outils technologiques ne se contentent pas de faciliter le partage d'informations, ils améliorent également la réactivité face aux imprévus, garantissant une adaptation rapide des stratégies opérationnelles.

5.1.4 Engagement envers les valeurs communes

Pour que la coopération entre propriétaires d'actifs et opérateurs soit véritablement durable, il est impératif que les deux parties partagent des valeurs communes. Parmi ces valeurs, l'engagement en faveur du développement durable, de la responsabilité sociale et du respect des normes environnementales est primordial.

Par exemple, l'adoption de technologies vertes visant à réduire l'empreinte carbone ou la mise en place de programmes de responsabilité sociale des entreprises (RSE) peut constituer un levier pour renforcer l'alignement des intérêts. En s'engageant conjointement dans des initiatives de réduction des émissions de gaz à effet de serre, de gestion responsable des déchets ou de protection de la biodiversité, les partenaires affichent leur volonté de concilier performance économique et respect de l'environnement.

Cet engagement commun se traduit également par l'adhésion à des codes de conduite ou des chartes éthiques qui définissent les normes de comportement attendues. La signature d'accords formels stipulant, par exemple, le respect des droits humains, la lutte contre la corruption et la promotion de la diversité, renforce la crédibilité des engagements pris par chacune des parties et constitue une base solide pour une collaboration de long terme.

5.1.5 Mécanismes pour une coopération efficace

Au-delà de la communication et des engagements sur le papier, une coopération efficace repose sur la mise en place de mécanismes opérationnels robustes. Ces mécanismes incluent l'établissement de protocoles précis pour la résolution des conflits, la formation continue des acteurs impliqués et la formalisation d'accords qui définissent clairement les responsabilités, les obligations et les attentes de chaque partie.

Par exemple, l'instauration d'un protocole de résolution des litiges par voie de médiation ou d'arbitrage permet de traiter les désaccords de manière rapide et équitable, avant qu'ils n'entraînent des ruptures de communication ou des impacts négatifs sur les opérations. De même, l'organisation de sessions de formation régulières, qu'elles soient techniques ou managériales, permet aux équipes d'être toujours à jour face aux évolutions réglementaires et technologiques.

En outre, la formalisation de contrats détaillés et de plans d'action stratégiques est un gage de sérieux et de clarté. Ces documents doivent préciser non seulement les rôles et responsabilités de chaque partie, mais aussi les indicateurs de performance, les mécanismes de suivi et les modalités de révision des accords en fonction des évolutions du contexte économique ou technologique.

Ainsi, la coopération efficace entre propriétaires d'actifs et opérateurs ne se réduit pas à un échange ponctuel d'informations ; elle s'inscrit dans une vision stratégique commune soutenue par des engagements clairs, des outils technologiques performants et des mécanismes de gouvernance adaptés aux défis du secteur.

5.2 Négociations pour la maximisation des intérêts nationaux

Dans le secteur des hydrocarbures, les négociations entre les propriétaires d'actifs et les opérateurs doivent permettre de maximiser les retombées pour l'économie nationale tout en garantissant une exploitation efficace des ressources. Ces négociations stratégiques doivent reposer sur une connaissance fine des priorités nationales et des cadres réglementaires en vigueur.

5.2.1 Identification des priorités nationales

Les priorités nationales dans le domaine des hydrocarbures vont bien au-delà de la simple extraction et commercialisation des ressources. Elles incluent notamment la création d'emplois locaux, le développement des infrastructures, le transfert de compétences technologiques et la protection de l'environnement. Il est donc essentiel que ces priorités soient clairement identifiées et intégrées dans la stratégie de négociation.

Par exemple, lors de la signature d'un contrat d'exploitation, le gouvernement peut exiger l'inclusion de clauses relatives à l'embauche de personnel local, au développement de projets de formation professionnelle ou à l'investissement dans des infrastructures locales (routes, hôpitaux, écoles). De même, des exigences environnementales strictes peuvent être négociées, telles que la mise en place de systèmes de gestion des émissions ou le financement de projets de reboisement dans les zones d'exploitation.

L'identification claire des priorités nationales permet aux représentants de l'État de défendre fermement les intérêts du pays et de veiller à ce que les retombées économiques et sociales soient maximisées.

5.2.2 Participation aux comités de direction

L'implication directe des représentants nationaux dans les comités de direction et les instances décisionnelles des projets d'hydrocarbures constitue une garantie supplémentaire pour la défense des intérêts nationaux. Cette participation permet non seulement d'assurer une veille constante sur la bonne application des clauses contractuelles, mais aussi d'ajuster les stratégies opérationnelles en fonction des évolutions du contexte local et international.

Par exemple, un représentant du gouvernement intégré au comité de pilotage pourra intervenir pour réorienter les priorités, proposer des mesures correctives en cas de dérive des objectifs ou valider des initiatives innovantes en phase avec les politiques publiques de développement durable. Cette participation active garantit que les décisions prises sur le terrain correspondent aux ambitions stratégiques du pays, tout en facilitant le transfert de compétences et la montée en puissance des acteurs locaux.

5.2.3 Alignement sur les cadres réglementaires

Les négociations doivent systématiquement s'appuyer sur les cadres réglementaires en vigueur, qu'ils soient nationaux ou internationaux. Le respect des lois locales et l'adhésion aux standards internationaux constituent des éléments essentiels pour assurer la légitimité et la pérennité des contrats d'exploitation.

Par exemple, dans de nombreux pays producteurs d'hydrocarbures, les contrats intègrent des clauses spécifiques visant à garantir le transfert de compétences, la protection de l'environnement et la répartition équitable des bénéfices. Ces clauses, fondées sur des accords internationaux ou sur des normes de gouvernance reconnues, permettent de sécuriser les investissements et d'instaurer un climat de confiance entre les partenaires.

L'alignement sur ces cadres réglementaires contribue également à renforcer la crédibilité du pays sur la scène internationale, en montrant son engagement en faveur de pratiques responsables et durables dans l'exploitation de ses ressources naturelles.

5.2.4 Analyse économique et technique approfondie

Pour mener des négociations efficaces, il est indispensable de disposer d'une analyse économique et technique rigoureuse des propositions des opérateurs. Cette analyse permet d'évaluer la viabilité des projets, d'identifier les risques potentiels et d'optimiser la répartition des responsabilités.

Une évaluation quantitative approfondie des projets inclut l'analyse des investissements prévus, des prévisions de production, des coûts d'exploitation, ainsi que des marges de profit attendues. Par ailleurs, l'analyse technique repose sur l'examen des technologies proposées, de l'expertise des équipes et de la capacité de l'opérateur à gérer des situations d'urgence.

Ces évaluations, souvent réalisées en collaboration avec des cabinets d'expertise indépendants, fournissent aux négociateurs les outils nécessaires pour défendre les intérêts nationaux. Elles permettent également d'identifier les leviers d'optimisation, tels que l'introduction de technologies plus performantes ou la mise en place de mesures de réduction des coûts, contribuant ainsi à améliorer l'efficacité globale du projet.

5.3 Gestion des conflits et résolution des différends

Dans un environnement aussi complexe et interconnecté que celui de l'exploitation des hydrocarbures, les conflits sont inévitables. Ils peuvent résulter de divergences d'intérêts, d'interprétations différentes des clauses contractuelles ou d'erreurs de communication. La gestion proactive des conflits est donc essentielle pour éviter qu'ils ne compromettent la continuité des opérations et n'affectent négativement la relation entre propriétaires d'actifs et opérateurs.

5.3.1 Établissement de mécanismes de résolution

La mise en place de mécanismes de résolution des différends constitue un élément clé dans la prévention et la gestion des conflits. Il s'agit d'établir des procédures claires qui définissent, en amont, les étapes à suivre en cas de litige. Ces procédures peuvent inclure la médiation, l'arbitrage ou, en dernier recours, le recours aux tribunaux compétents.

Par exemple, un contrat peut prévoir l'instauration d'un comité de résolution des conflits composé de représentants des deux parties ainsi que d'experts indépendants. Ce comité, chargé d'examiner les différends à l'amiable, peut intervenir rapidement pour désamorcer les tensions et proposer des solutions de compromis. De même, l'inclusion de clauses d'arbitrage permet de garantir une résolution impartiale des litiges en cas d'échec de la médiation.

5.3.2 Promouvoir une approche collaborative

Au-delà des mécanismes formels, il est crucial de promouvoir une culture de la collaboration et du dialogue. Une approche collaborative repose sur la capacité des parties à écouter, comprendre et chercher ensemble des solutions équilibrées aux problèmes qui surgissent.

Les réunions de suivi, par exemple, peuvent être l'occasion de clarifier les malentendus et de discuter ouvertement des obstacles rencontrés. En encourageant la communication et le partage d'informations, les acteurs peuvent ainsi éviter que de petits désaccords ne se transforment en conflits majeurs. Dans ce contexte, le recours à des formations spécifiques en communication interpersonnelle et en gestion des conflits peut s'avérer particulièrement bénéfique pour améliorer les interactions quotidiennes.

5.3.3 Documentation rigoureuse

La tenue de registres complets et détaillés de tous les accords, modifications et correspondances liés aux opérations est une pratique essentielle pour prévenir et résoudre les conflits. Une documentation rigoureuse permet de disposer de preuves concrètes en cas de désaccord sur l'interprétation des engagements contractuels.

Par exemple, en consignant systématiquement les décisions prises lors des réunions de pilotage, les ajustements des plans d'action et les échanges formels entre les parties, il devient plus facile de retracer l'historique des décisions et d'identifier les points de divergence. Ces archives, consultables à tout moment, constituent un outil précieux pour les experts juridiques et les médiateurs intervenant lors de conflits potentiels.

5.3.4 Formation en gestion de conflits

Enfin, pour réduire l'occurrence des différends et favoriser un climat de travail serein, il est recommandé de former régulièrement les équipes à la gestion des conflits. Des formations dédiées permettent aux intervenants de reconnaître les signes avant-coureurs d'un conflit, d'adopter des stratégies de désescalade et de développer des compétences en communication assertive.

Ces formations peuvent prendre la forme d'ateliers interactifs, de simulations de situations conflictuelles ou de sessions de coaching individuel. En développant une meilleure compréhension des dynamiques interpersonnelles, les acteurs impliqués seront mieux armés pour anticiper et résoudre les tensions avant qu'elles n'affectent la qualité de la collaboration.

5.4 Sensibilisation et formation des parties prenantes

La performance à long terme des actifs dans le secteur des hydrocarbures repose en grande partie sur le niveau de compétence et l'engagement des acteurs impliqués. Ainsi, la sensibilisation et la formation continue des parties prenantes – qu'il s'agisse des équipes techniques, des représentants gouvernementaux ou des communautés locales – constituent des leviers essentiels pour assurer une exploitation responsable et durable.

5.4.1 Sensibilisation aux enjeux environnementaux et sociaux

Les activités liées aux hydrocarbures ont des impacts significatifs sur l'environnement et les communautés locales. Par conséquent, il est impératif de sensibiliser l'ensemble des parties prenantes aux enjeux environnementaux et sociaux associés à ces opérations.

Des campagnes de sensibilisation, associées à des programmes de communication ciblée, permettent de faire prendre conscience de l'importance d'adopter des pratiques responsables. Par exemple, des séminaires sur la gestion des déchets, la réduction des émissions polluantes ou la préservation de la biodiversité peuvent être organisés conjointement par les opérateurs et les autorités publiques. Ces initiatives contribuent à renforcer la légitimité sociale des projets et à établir une relation de confiance avec les communautés concernées.

5.4.2 Programmes de formation technique

Le développement de compétences techniques locales est un enjeu majeur pour assurer l'autonomie et la durabilité des projets d'hydrocarbures. La mise en place de programmes de formation technique permet non seulement d'améliorer l'expertise des équipes locales, mais aussi de favoriser le transfert de technologies et de bonnes pratiques.

Ces programmes de formation peuvent prendre différentes formes : ateliers pratiques sur l'utilisation des nouvelles technologies, séminaires spécialisés sur la maintenance préventive des équipements, ou encore formations en gestion des risques industriels. En impliquant des experts internationaux et en collaborant avec des institutions académiques, les propriétaires d'actifs et les opérateurs peuvent contribuer à renforcer les capacités des acteurs locaux, garantissant ainsi une gestion plus efficiente et sécurisée des ressources.

5.4.3 Renforcement des capacités des institutions

Les agences gouvernementales et les institutions en charge de la supervision des opérations doivent disposer des compétences nécessaires pour imposer le respect des règlements et veiller à la bonne application des normes. Le renforcement des capacités institutionnelles passe par la formation continue des personnels, la modernisation des outils de suivi et l'amélioration des mécanismes de contrôle.

Par exemple, la mise en place d'un centre de formation dédié aux questions énergétiques et environnementales peut offrir aux agents de régulation les connaissances et les outils nécessaires pour analyser en profondeur les projets d'hydrocarbures. Cette initiative permet non seulement d'améliorer la qualité du suivi, mais également d'instaurer un dialogue constructif avec les opérateurs, basé sur une compréhension mutuelle des contraintes et des exigences de chaque partie.

5.4.4 Implication des communautés locales

Enfin, l'implication des communautés locales dans les projets d'hydrocarbures est un élément indispensable pour assurer une gestion harmonieuse et socialement responsable des ressources. En intégrant les populations locales dans le processus décisionnel et en leur offrant la possibilité de s'exprimer sur les projets, les autorités renforcent la cohésion sociale et favorisent une meilleure acceptation des opérations.

Des plateformes de dialogue, telles que des forums communautaires ou des consultations publiques régulières, permettent aux habitants d'exprimer leurs préoccupations, de proposer des améliorations et de participer activement à la mise en œuvre de mesures de protection de l'environnement. Cette approche participative contribue à créer un climat de confiance et à établir un partenariat durable entre les opérateurs, les gouvernements et les communautés locales. Elle permet également de valoriser les retombées économiques et sociales directes des projets, en favorisant l'embauche locale, le développement des infrastructures communautaires et la mise en place de programmes de responsabilité sociale.

Chapitre 6

Stratégies pour une Amélioration Continue dans la Gestion d'Actifs Non Opérés

La gestion des actifs non opérés occupe une place stratégique dans le secteur des hydrocarbures. En effet, ces actifs, détenus sans être directement exploités, nécessitent une approche managériale spécifique qui combine rigueur opérationnelle, innovation technologique et gestion proactive des risques. L'amélioration continue représente ainsi un levier fondamental pour garantir non seulement la compétitivité et la rentabilité de ces investissements, mais également leur pérennité dans un environnement en constante évolution. Ce chapitre se propose d'explorer en profondeur les stratégies clés pour instaurer une démarche d'amélioration continue dans la gestion des actifs non opérés. Nous analyserons les méthodes de mise en place de systèmes de gestion intégrés, le développement des compétences et de la formation continue, ainsi que les dispositifs de suivi et d'évaluation des performances. Nous aborderons également les défis inhérents à ce secteur et les opportunités qui s'offrent aux gestionnaires, sans oublier l'importance du benchmarking, de l'adoption d'innovations technologiques et du renforcement des cadres administratifs.

6.1 Mise en place de systèmes de gestion intégrés

6.1.1 La nécessité d'une approche holistique

Dans un secteur aussi complexe que celui des hydrocarbures, les actifs non opérés impliquent de multiples intervenants – des opérateurs aux investisseurs en passant par les autorités de régulation. Afin d'optimiser la coordination et la communication entre ces acteurs, la mise en place d'un système de gestion intégré est cruciale. Ce système doit permettre de centraliser les informations, de standardiser les procédures et de garantir une transparence totale sur l'ensemble des processus. La vision holistique ainsi créée favorise une prise de décision rapide et éclairée, tout en réduisant les risques d'erreurs et les redondances.

6.1.2 Gestion des données et des informations

Les données occupent une place centrale dans toute stratégie d'amélioration continue. En effet, la collecte, le traitement et l'analyse des données permettent de mesurer la performance des actifs, de détecter les dysfonctionnements et d'identifier les opportunités d'optimisation.

- **Création de plateformes centralisées**

La première étape consiste à mettre en place une plateforme centralisée regroupant l'ensemble des données relatives aux performances opérationnelles, aux coûts, aux indicateurs clés de performance (KPI) et aux paramètres environnementaux. Cette solution intégrée permet de rompre avec les silos d'information, d'harmoniser les sources de données et de faciliter les analyses comparatives entre différents actifs. Par exemple, une telle plateforme peut collecter en temps réel des données sur la production, sur les coûts d'exploitation par puits ou sur les niveaux de conformité aux normes environnementales.

- **Développement de tableaux de bord dynamiques**

Les tableaux de bord interactifs et personnalisables représentent des outils indispensables pour la visualisation instantanée des performances. Ils offrent la possibilité d'afficher en temps réel des indicateurs tels que les tendances de production mensuelles, les fluctuations des coûts opérationnels ou encore les taux de défaillance des équipements. Grâce à ces visualisations, les gestionnaires peuvent rapidement identifier les écarts par rapport aux objectifs et mettre en œuvre des mesures correctives. Par ailleurs, l'intégration d'alertes automatiques permet de signaler toute anomalie détectée dans le système.

6.1.3 Intégration des processus opérationnels et administratifs

La performance d'un système de gestion intégré repose sur l'harmonisation des processus qui le constituent. Cette intégration s'étend à la fois aux procédures opérationnelles sur le terrain et aux processus administratifs de suivi et de contrôle.

- **Uniformisation des procédures**

La standardisation des pratiques, qu'il s'agisse de l'évaluation des performances ou de la gestion des dépenses, est essentielle pour instaurer une culture d'excellence. Par exemple, l'adoption d'un processus uniforme pour l'approbation des dépenses d'investissement garantit une meilleure traçabilité des flux financiers et renforce le contrôle budgétaire. De même, la mise en place de procédures standardisées pour l'analyse des risques contribue à une meilleure anticipation des incidents et à la mise en œuvre rapide de mesures préventives.

- **Optimisation de la communication**

Une communication fluide entre les différentes parties prenantes – opérateurs, investisseurs, autorités de régulation – est un facteur clé de succès. L'utilisation de plateformes collaboratives et l'organisation de réunions régulières permettent d'aligner les attentes, de partager les informations critiques et de résoudre rapidement les problèmes émergents. Cette approche collaborative favorise la réactivité et la prise de décisions adaptées aux enjeux du secteur.

6.1.4 Gestion des risques et conformité

Les actifs non opérés, par leur nature, comportent des risques particuliers, qu'ils soient financiers, opérationnels ou environnementaux. La mise en place de mécanismes robustes de gestion des risques est donc indispensable pour préserver la valeur et la pérennité de ces investissements.

- **Mécanismes de gestion des risques**

La première étape consiste à identifier, évaluer et atténuer les risques à l'aide d'outils spécialisés. Par exemple, des analyses de scénarios permettent d'anticiper les impacts potentiels d'une baisse des prix du pétrole ou d'un incident environnemental. De telles analyses offrent une vision prospective qui aide à la préparation de plans d'urgence et à la mise en place de stratégies de mitigation. Par ailleurs, l'utilisation de logiciels de simulation et de modélisation permet de tester différentes hypothèses et d'optimiser les réponses face aux imprévus.

- **Conformité réglementaire**

La conformité aux normes locales et internationales constitue un enjeu majeur pour les actifs non opérés. Le non-respect de ces réglementations peut entraîner des sanctions financières lourdes et nuire à la réputation des entreprises. Pour garantir une conformité continue, il est impératif de mettre à jour régulièrement les politiques internes en fonction des évolutions législatives. Des audits réguliers, internes et externes, viennent compléter ce dispositif en assurant un contrôle permanent et en détectant rapidement toute non-conformité.

6.2 Développement des compétences et formation continue

Les ressources humaines représentent le cœur de la performance dans la gestion des actifs non opérés. Dans un secteur en perpétuelle évolution, le développement des compétences et la formation continue des équipes se révèlent indispensables pour maintenir une gestion agile et performante.

6.2.1 Formation des parties prenantes

La formation des équipes doit être envisagée sous deux angles complémentaires : l'aspect technique et l'aspect stratégique.

- **Aspects techniques**

Les évolutions technologiques dans le secteur des hydrocarbures exigent une mise à jour constante des compétences techniques. Les opérateurs et les gestionnaires doivent être formés à l'utilisation des dernières technologies, qu'il s'agisse de logiciels de modélisation géologique, d'outils de surveillance en temps réel ou de systèmes d'analyse avancée des données. Ces formations techniques permettent non seulement d'améliorer l'efficacité opérationnelle, mais aussi de réduire les erreurs humaines et les risques d'incidents.

- **Aspects stratégiques**

Au-delà des compétences techniques, il est essentiel de développer des compétences en gestion stratégique, notamment dans le domaine de la négociation contractuelle, de la gestion des relations avec les parties prenantes et de la conformité réglementaire. Des formations spécifiques sur ces sujets permettent aux cadres de mieux naviguer dans un environnement complexe et d'adopter des stratégies adaptées aux enjeux du secteur. Par exemple, des ateliers de simulation de négociation peuvent préparer les équipes à faire face à des situations de crise ou à des négociations délicates avec des partenaires externes.

6.2.2 Renforcement de la collaboration interdisciplinaire

La gestion des actifs non opérés fait appel à une multitude de compétences issues de domaines variés, tels que l'ingénierie, la finance, la gestion des risques et l'environnement. Encourager une collaboration interdisciplinaire est donc crucial pour obtenir une vision globale des enjeux et pour optimiser la prise de décision.

- **Échanges entre disciplines**

La mise en place de groupes de travail interdisciplinaires permet de favoriser le partage d'expertise et de perspectives différentes. Par exemple, des réunions régulières réunissant ingénieurs, financiers et spécialistes en environnement peuvent permettre d'identifier des synergies insoupçonnées et d'adapter les stratégies en fonction des retours d'expérience de chacun.

- **Programmes de mentorat**

L'instauration de programmes de mentorat favorise la transmission des savoirs et des compétences entre les générations d'experts. Des cadres expérimentés peuvent ainsi accompagner les jeunes talents dans l'apprentissage des meilleures pratiques du secteur, tout en apportant une vision stratégique fondée sur une expérience concrète.

6.3 Amélioration continue grâce au suivi et à l'évaluation

Un dispositif rigoureux de suivi et d'évaluation constitue l'ossature de toute démarche d'amélioration continue. Grâce à ce système, il est possible de mesurer la performance des actifs non opérés, d'identifier les points faibles et de mettre en place des actions correctives efficaces.

6.3.1 Indicateurs clés de performance (KPI)

La définition et le suivi d'indicateurs clés de performance (KPI) représentent des outils indispensables pour mesurer l'efficacité des actions mises en œuvre.

- **Performance opérationnelle**

Parmi les KPI opérationnels, on retrouve des indicateurs tels que les taux de production, l'efficacité des équipements et les coûts d'exploitation par baril. Ces indicateurs permettent d'évaluer la performance des installations en temps réel et de détecter les anomalies avant qu'elles ne se transforment en problèmes majeurs. Par exemple, une baisse soudaine de la production peut signaler un dysfonctionnement technique nécessitant une intervention immédiate.

- **Performance financière**

Les indicateurs financiers tels que les rendements des investissements, les marges opérationnelles et les dépenses imprévues offrent une vision claire de la santé économique des actifs. Une surveillance continue de ces indicateurs permet d'ajuster les stratégies d'investissement et de garantir une rentabilité durable. Dans un environnement volatil, la capacité à maîtriser les coûts et à optimiser les dépenses représente un avantage concurrentiel essentiel.

- **Performance environnementale**

Les enjeux environnementaux sont au cœur des préoccupations actuelles. Ainsi, le suivi de la consommation d'eau, des émissions de gaz à effet de serre et de la gestion des déchets permet de mesurer l'impact écologique des opérations. Ces indicateurs environnementaux sont non seulement importants pour se conformer aux réglementations en vigueur, mais également pour répondre aux attentes des parties prenantes en matière de développement durable.

6.3.2 Audits réguliers et retours d'expérience

Les audits constituent un outil précieux pour évaluer l'efficacité des processus et vérifier la conformité aux standards établis.

- **Audits internes et externes**

La mise en place d'audits réguliers, tant internes qu'externes, permet de réaliser un diagnostic approfondi des pratiques de gestion. Ces audits offrent une vision objective des points forts et des faiblesses de l'organisation, permettant ainsi d'identifier rapidement les domaines nécessitant des améliorations. En outre, les audits externes renforcent la crédibilité de l'entreprise auprès des investisseurs et des autorités de régulation.

- **Retours d'expérience**

L'analyse des retours d'expérience issus des incidents ou des réussites précédentes constitue une source d'apprentissage essentielle. En documentant chaque situation, qu'elle soit positive ou négative, l'organisation peut capitaliser sur ces enseignements pour ajuster ses stratégies et éviter la répétition des erreurs passées. La mise en place de réunions de bilan régulières, accompagnées de rapports détaillés, permet de diffuser ces enseignements auprès de l'ensemble des équipes et de favoriser une culture d'amélioration continue.

6.4 Surmonter les défis et saisir les opportunités

La gestion des actifs non opérés n'est pas sans défis. Entre la dépendance vis-à-vis des opérateurs et le contrôle limité sur les opérations quotidiennes, les gestionnaires doivent faire face à des situations complexes qui nécessitent flexibilité et anticipation. Toutefois, ces défis s'accompagnent également d'opportunités stratégiques majeures.

6.4.1 Défis inhérents à la gestion des actifs non opérés

- **Contrôle limité sur les opérations**

Contrairement aux actifs exploités en interne, les actifs non opérés reposent en grande partie sur l'expertise et la gestion des opérateurs tiers. Ce modèle de gestion peut parfois entraîner un manque de contrôle direct sur les opérations quotidiennes, ce qui complique la mise en œuvre d'actions correctives rapides en cas de dysfonctionnement. Il devient alors essentiel de renforcer les mécanismes de surveillance et de communication avec ces opérateurs pour garantir la conformité aux standards de qualité et de sécurité.

- **Dépendance contractuelle et risques associés**

La relation contractuelle avec les opérateurs peut engendrer des tensions, notamment en cas de divergence d'intérêts ou de désaccords sur la stratégie d'exploitation. La gestion des relations contractuelles devient alors un enjeu majeur, nécessitant une rédaction minutieuse des contrats et une mise en place de mécanismes de médiation pour résoudre les conflits potentiels.

6.4.2 Opportunités stratégiques

- **Gestion optimisée des relations avec les opérateurs**

Malgré les défis, une gestion proactive des relations contractuelles peut transformer ces obstacles en opportunités de collaboration. La mise en place d'accords clairs et détaillés, assortis de clauses de performance, permet de renforcer la confiance entre les parties. Une communication régulière et transparente avec les opérateurs favorise également l'émergence de solutions conjointes en cas de difficultés, transformant ainsi la relation en véritable partenariat stratégique.

- **Exploitation des synergies entre investisseurs**

Les actifs non opérés offrent la possibilité de nouer des partenariats stratégiques avec d'autres investisseurs ou opérateurs. Ces collaborations permettent d'accéder à de nouvelles technologies, de partager les risques et de réaliser des économies d'échelle. Par exemple, un consortium d'investisseurs peut mutualiser les coûts d'investissements en infrastructures, tout en bénéficiant de l'expertise diversifiée des différents partenaires. Cette approche collaborative ouvre la voie à une gestion plus efficace et à une réduction des coûts opérationnels.

- **Diversification des portefeuilles d'actifs**

La gestion des actifs non opérés permet également d'envisager une diversification des investissements. En intégrant des actifs situés dans différentes zones géographiques ou soumis à des réglementations variées, les gestionnaires peuvent atténuer les risques liés aux fluctuations du marché ou aux changements législatifs.

Cette diversification contribue à la résilience du portefeuille et à la pérennité des investissements à long terme.

6.5 Benchmarking et bonnes pratiques internationales

L'adoption de bonnes pratiques issues de l'expérience internationale constitue un levier essentiel pour stimuler l'amélioration continue dans la gestion des actifs non opérés. Le benchmarking, qui consiste à comparer les performances de son organisation avec celles de leaders du secteur, permet d'identifier les écarts et d'adopter des solutions éprouvées.

6.5.1 Identification des leaders de l'industrie

- **Analyse comparative des performances**

Il est primordial d'identifier les entreprises qui excellent dans la gestion des actifs non opérés et d'étudier leurs approches stratégiques. Cette démarche permet de repérer les meilleures pratiques en matière de gestion des coûts, de suivi des performances et de gestion des risques. Par exemple, une analyse détaillée des rapports annuels et des études de cas publiées par ces leaders peut offrir des pistes d'amélioration concrètes à adapter au contexte spécifique de chaque organisation.

- **Participation à des conférences internationales**

Les conférences et séminaires internationaux représentent des occasions privilégiées d'échanger avec des experts du secteur. La participation à ces événements permet de recueillir des idées novatrices, d'identifier des technologies émergentes et de créer des réseaux de collaboration. Ces échanges renforcent la capacité des gestionnaires à anticiper les évolutions du marché et à adapter leurs stratégies en conséquence.

6.5.2 Adoption des bonnes pratiques

- **Création d'un répertoire des meilleures pratiques**

L'élaboration d'un guide regroupant les bonnes pratiques en matière de gestion des actifs non opérés constitue un outil de référence pour l'ensemble des équipes. Ce répertoire peut inclure des procédures standardisées pour l'évaluation des performances, des stratégies de réduction des coûts ou des méthodologies d'analyse des risques. La diffusion régulière de ce guide permet d'instaurer une culture d'excellence et d'homogénéiser les pratiques au sein de l'organisation.

- **Réalisation d'audits comparatifs**

La mise en place d'audits comparatifs permet de mesurer l'écart entre les performances de l'organisation et celles des leaders du secteur. Ces audits offrent une analyse objective des processus internes et mettent en lumière des axes d'amélioration. En identifiant les domaines où des gains d'efficacité peuvent être réalisés, l'entreprise peut ensuite adopter des solutions éprouvées pour optimiser sa gestion.

6.6 Formation continue des cadres administratifs

Outre la formation technique des équipes opérationnelles, le renforcement des compétences des cadres administratifs est également indispensable pour assurer une gestion efficace et adaptée aux évolutions du secteur.

6.6.1 Formations techniques et managériales

- **Mise à jour des compétences techniques**

Dans un environnement technologique en constante évolution, il est impératif que les cadres administratifs restent à la pointe des nouvelles technologies. Des formations régulières sur l'utilisation des logiciels de gestion, l'analyse avancée des données et la modélisation des risques permettent d'améliorer la réactivité et la précision des décisions. L'utilisation de modules de formation en ligne offre une flexibilité accrue et permet aux cadres de se former tout en continuant d'exercer leurs fonctions quotidiennes.

- **Développement des compétences managériales**

La capacité à gérer efficacement les équipes, à négocier avec des partenaires externes et à piloter des projets complexes est essentielle dans la gestion des actifs non opérés. Des formations en management, en gestion des conflits et en leadership renforcent ces compétences et permettent aux cadres d'adopter une approche stratégique globale. Par ailleurs, des ateliers de mise en situation et des études de cas pratiques offrent l'opportunité d'appliquer concrètement les concepts appris.

6.6.2 Certifications et programmes d'échange

- **Obtention de certifications reconnues**

Encourager les cadres à obtenir des certifications professionnelles telles que le PMP (Project Management Professional) ou des certifications en audit financier représente un investissement à long terme. Ces certifications attestent de la compétence des cadres et renforcent la crédibilité de l'organisation auprès des investisseurs et des partenaires stratégiques. Des incitations internes, telles que des primes de formation ou des possibilités d'évolution de carrière, peuvent être mises en place pour encourager l'obtention de ces certifications.

- **Programmes d'échange et de collaboration internationale**

La collaboration avec des universités et des organismes internationaux permet d'organiser des programmes d'échange et des stages qui offrent aux cadres l'opportunité d'expérimenter des pratiques de gestion à l'échelle mondiale. Ces missions d'étude facilitent l'intégration de nouvelles idées et renforcent la capacité de l'organisation à s'adapter aux évolutions du marché international. La participation à des séminaires et à des conférences internationales contribue également à l'élargissement du réseau professionnel et à l'acquisition de nouvelles perspectives.

6.7 Adoption des innovations technologiques

La transformation numérique s'impose progressivement dans tous les secteurs industriels, et les hydrocarbures ne font pas exception. L'adoption des technologies innovantes représente un levier majeur pour optimiser la gestion des actifs non opérés et pour répondre aux exigences d'un marché de plus en plus exigeant en matière de performance et de durabilité.

6.7.1 Numérisation et automatisation

- **Intégration de systèmes numériques avancés**

La numérisation des processus de collecte, d'analyse et de reporting permet de gagner en efficacité et en précision. L'intégration d'outils numériques, tels que des logiciels de gestion intégrée (ERP) et des plateformes de Business Intelligence, facilite le suivi en temps réel des performances opérationnelles et financières. Par ailleurs, l'automatisation de certaines tâches administratives et opérationnelles permet de réduire les erreurs humaines et d'alléger la charge de travail des équipes.

- **Développement d'applications mobiles et de solutions cloud**

L'utilisation d'applications mobiles pour le suivi des opérations sur le terrain offre une flexibilité accrue et permet une collecte de données instantanée. De plus, le recours aux solutions cloud garantit une accessibilité permanente aux informations, favorisant ainsi une prise de décision rapide et collaborative entre les différents intervenants.

6.7.2 Analyse avancée des données

- **Implémentation de modèles prédictifs**

L'analyse prédictive basée sur des algorithmes d'intelligence artificielle constitue une innovation majeure dans la gestion des actifs non opérés. Ces modèles permettent d'anticiper les fluctuations de la production, de prévoir les pannes d'équipements et de simuler l'impact de différents scénarios économiques. Grâce à ces outils, les gestionnaires peuvent ajuster les investissements et optimiser la maintenance des installations.

- **Exploitation des mégadonnées (Big Data)**

Le traitement et l'analyse de grandes quantités de données issus de capteurs, de systèmes de surveillance et de rapports d'audit offrent une vision détaillée et en temps réel de l'ensemble des activités. La mise en place de solutions d'analyse de Big Data permet d'identifier des tendances cachées, d'optimiser la répartition des ressources et de renforcer la réactivité face aux imprévus.

6.7.3 Technologies écologiques et durables

- **Promotion des technologies vertes**

Dans un contexte de transition énergétique, il est essentiel d'intégrer des technologies respectueuses de l'environnement dans la gestion des actifs non opérés. L'investissement dans des solutions de réduction des émissions de CO_2, l'optimisation de la consommation d'énergie et la gestion durable des ressources contribuent à améliorer la performance environnementale des opérations.

Par exemple, l'installation de systèmes de récupération de chaleur ou l'utilisation de capteurs pour optimiser la consommation énergétique des installations représentent des pistes d'innovation intéressantes.

- **Investissement dans les énergies renouvelables**

La diversification des sources d'énergie au sein du portefeuille d'actifs non opérés permet d'atténuer les risques liés à la volatilité des marchés pétroliers. L'intégration de projets d'énergie renouvelable, tels que l'éolien ou le solaire, offre non seulement des avantages économiques à long terme, mais renforce également l'engagement de l'organisation en faveur du développement durable.

6.8 Synthèse et perspectives d'avenir

La gestion des actifs non opérés dans le secteur des hydrocarbures se trouve à la croisée des chemins, où la rigueur opérationnelle rencontre l'innovation technologique et le besoin d'une approche collaborative. L'amélioration continue, en tant que philosophie managériale, se révèle être un outil indispensable pour optimiser la performance, renforcer la compétitivité et assurer la durabilité des investissements.

6.8.1 Une culture d'amélioration continue

Instaurer une culture d'amélioration continue passe par la mise en place d'un cadre organisationnel où chaque acteur, à tous les niveaux, est engagé dans la recherche constante d'excellence. La centralisation des données, la standardisation des processus, la formation continue et le recours aux technologies innovantes forment autant de piliers qui, ensemble, permettent de transformer des défis potentiels en opportunités stratégiques.

6.8.2 L'évolution du cadre réglementaire et des attentes du marché

Le secteur des hydrocarbures est en pleine mutation, tant sur le plan technologique qu'en matière de régulation environnementale. Les normes évolutives et les exigences croissantes des parties prenantes imposent aux gestionnaires une adaptation permanente de leurs stratégies. La mise en place d'audits réguliers, la révision des politiques internes et l'adoption de nouvelles technologies garantissent que les actifs non opérés restent conformes aux standards internationaux et compétitifs sur le marché mondial.

6.8.3 Perspectives d'innovation et d'intégration

Les innovations technologiques, notamment dans le domaine de l'intelligence artificielle, de l'analyse de mégadonnées et de la numérisation des processus, ouvrent des perspectives inédites pour la gestion des actifs non opérés. À l'avenir, l'intégration de solutions technologiques avancées permettra d'optimiser davantage les opérations, de réduire les coûts et de renforcer la prise de décision stratégique. Par ailleurs, l'accroissement de la collaboration interdisciplinaire et l'ouverture à des partenariats internationaux contribueront à créer un environnement favorable à l'émergence de nouvelles idées et à l'adoption de meilleures pratiques à l'échelle mondiale.

Chapitre 7

Règles pratiques de base pour la gestion d'un actif pétrolier

La gestion d'un actif pétrolier constitue un enjeu stratégique dans l'industrie des hydrocarbures. Que l'actif soit opéré ou non, sa rentabilité et sa pérennité dépendent d'une compréhension fine des dynamiques économiques et opérationnelles. Pour un gestionnaire, notamment dans le cas d'un actif non opéré, il s'agit avant tout de s'assurer que l'actif génère du profit et contribue à la création de valeur. Pour y parvenir, il convient d'analyser avec rigueur les flux financiers, de surveiller de près les coûts et les recettes, et de mettre en place des stratégies adaptées à court, moyen et long terme. Ce chapitre détaille les principes de base de la gestion d'un actif pétrolier, en passant par la compréhension de sa rentabilité, la gestion spécifique des actifs matures et l'élaboration d'un plan de gestion du gisement, tout en intégrant des pratiques d'optimisation opérationnelle et de gestion des risques.

7.1 Compréhension économique et profitabilité

La première étape de la gestion d'un actif pétrolier consiste à en établir une vision claire en termes de profitabilité. Il ne suffit pas de constater que l'actif produit des hydrocarbures : il faut aussi évaluer précisément si cette production se traduit par un bénéfice net après déduction de l'ensemble des coûts d'exploitation, d'investissement et de maintenance. Pour cela, plusieurs indicateurs financiers clés doivent être suivis :

- **Coût de production par baril** : Ce paramètre permet d'évaluer l'efficacité opérationnelle. Un coût trop élevé peut rendre l'actif non compétitif, même en période de prix élevés des hydrocarbures.

- **Prix de vente et marges nettes** : Le suivi des revenus générés par la vente des hydrocarbures et l'analyse des marges bénéficiaires permettent de s'assurer que les opérations restent rentables.

- **Flux de trésorerie** : Une gestion prudente des liquidités est essentielle pour anticiper et financer les investissements futurs ou les opérations de maintenance.

Questions clés pour le suivi de la profitabilité

Le gestionnaire d'un actif pétrolier, et particulièrement celui d'un actif non opéré, doit être en mesure de répondre à des interrogations fondamentales telles que :

1. **L'actif est-il rentable ?**

Il convient d'analyser si les revenus générés dépassent les coûts directs et indirects associés à la production.

2. **Les investissements et dépenses actuels créent-ils de la valeur ?**

La mise en œuvre d'analyses coûts-avantages permet d'identifier si chaque dépense, qu'elle soit en maintenance, en technologie ou en sécurité, se traduit par un gain économique à court ou à long terme.

Les actifs en phase mature présentent souvent des défis spécifiques. Dans ces contextes, la rentabilité dépend non pas d'une augmentation spectaculaire de la production, mais plutôt de la capacité à maîtriser les coûts et à maintenir des opérations stables malgré un déclin naturel de la production. Le gestionnaire doit donc faire preuve de rigueur dans le suivi des indicateurs économiques et ajuster les stratégies en fonction des évolutions du marché et de l'état de l'actif.

7.2 Gestion des actifs matures

Les actifs matures, qu'il s'agisse de champs pétroliers en fin de vie ou d'infrastructures vieillissantes, requièrent une approche de gestion spécifique. Leur exploitation, bien que toujours lucrative si correctement gérée, présente des caractéristiques particulières qui nécessitent des stratégies adaptées afin de prolonger leur durée de vie et de maximiser la valeur extraite.

7.2.1 Définition d'un actif mature

Un actif mature se caractérise par plusieurs éléments clés :

- **Diminution de la production** : Dans le cas d'un champ pétrolier, la production tend à atteindre un plateau, voire à décliner, en raison de l'épuisement progressif des réserves naturelles.

- **Obsolescence technologique** : Les équipements ou infrastructures associés à l'actif peuvent être dépassés par rapport aux normes actuelles, nécessitant parfois des modernisations coûteuses.

- **Augmentation des coûts de maintenance** : L'entretien des équipements vieillis devient plus complexe et plus onéreux, notamment en raison de l'usure et de l'accroissement du risque de défaillances.

- **Risques accrus en matière de HSE (Hygiène, Sécurité, Environnement)** : Les actifs matures présentent un risque plus élevé de défaillance ou d'incidents environnementaux, ce qui impose une surveillance renforcée.

7.2.2 Caractéristiques spécifiques et enjeux opérationnels

La gestion d'un actif mature repose sur une compréhension fine de ses spécificités et sur l'adoption de stratégies opérationnelles visant à en extraire le maximum de valeur tout en limitant les risques. Parmi les caractéristiques les plus notables figurent :

1. **Rendement déclinant**

Avec le temps, la rentabilité tend à diminuer en raison de la baisse de la production, alors que les coûts fixes restent constants ou augmentent. Cette situation nécessite une optimisation constante des opérations pour maintenir un équilibre économique viable.

2. **Complexité des interventions**

Les travaux de maintenance et de rénovation deviennent de plus en plus techniques. Les interventions sur les infrastructures vieillissantes requièrent l'expertise d'ingénieurs spécialisés et l'utilisation de technologies avancées pour éviter des réparations trop coûteuses ou inefficaces.

3. **Exigences en investissements supplémentaires**

Afin de prolonger la durée de vie d'un actif mature ou d'améliorer ses performances, il est souvent indispensable de réaliser des investissements conséquents. Ces investissements doivent être évalués de manière rigoureuse par des analyses coûts-avantages pour s'assurer qu'ils se traduisent par des gains mesurables en termes de production ou de réduction des risques.

4. **Analyse coûts-avantages**

Toute intervention, qu'il s'agisse de travaux de maintenance ou d'investissements dans des technologies nouvelles, doit être justifiée par une amélioration tangible de la performance de l'actif. Il s'agit de trouver le juste équilibre entre coûts, bénéfices et risques.

7.2.3 Enjeux et stratégies pour la gestion des actifs matures

La gestion des actifs matures présente plusieurs défis que le gestionnaire doit anticiper et traiter avec des stratégies adaptées :

7.2.3.1 Maintenance et rénovation

Les actifs matures nécessitent une surveillance constante et des travaux réguliers pour rester opérationnels. Les stratégies de maintenance doivent viser à prévenir les défaillances et à optimiser les calendriers d'entretien pour réduire les interruptions d'activité. Parmi les approches recommandées, on peut citer :

- **Maintenance prédictive** : L'utilisation de capteurs et de technologies d'analyse de données permet de détecter en amont les signes de défaillance et d'anticiper les interventions nécessaires. Cette approche proactive réduit les coûts d'entretien et minimise les risques d'incidents majeurs.

- **Optimisation des calendriers d'entretien** : En planifiant les travaux de maintenance durant des périodes où l'impact sur la production est le plus faible, il est possible de contenir les coûts et de garantir une exploitation continue de l'actif.

7.2.3.2 Gestion des risques HSE

Les questions relatives à la santé, à la sécurité et à l'environnement prennent une importance accrue dans le contexte des actifs matures. La gestion des risques HSE repose sur plusieurs axes :

- **Audits réguliers** : Des inspections fréquentes permettent de vérifier la conformité des installations aux normes en vigueur et de détecter rapidement les défaillances potentielles.

- **Investissements dans la conformité réglementaire** : Afin d'éviter des sanctions, des fermetures ou des accidents, il est essentiel d'investir dans des technologies et des procédures qui garantissent le respect des normes HSE.

- **Formation continue du personnel** : La mise à jour régulière des compétences des équipes d'intervention et la formation aux nouvelles technologies et procédures de sécurité permettent de réduire les risques d'accidents et d'incidents environnementaux.

7.2.3.3 Optimisation des interventions sur puits

Dans un champ mature, les puits peuvent nécessiter des interventions spécifiques pour améliorer la production, comme le reperforage ou la stimulation. Ces interventions doivent être justifiées par des analyses détaillées :

- **Analyse des réserves restantes** : Avant toute intervention, il est crucial d'évaluer le potentiel de production résiduelle du puits afin de déterminer si l'investissement permettra une augmentation significative des rendements.

- **Étude coûts-bénéfices** : L'analyse des coûts liés à l'intervention par rapport aux gains potentiels en termes de production doit être rigoureuse afin de s'assurer que l'opération est économiquement viable.

7.2.3.4 Réduction des coûts et mutualisation des ressources

Face aux coûts de maintenance élevés, plusieurs stratégies peuvent être mises en place pour optimiser les dépenses :

- **Partage de ressources entre plusieurs permis** : La mutualisation des équipements et des équipes d'intervention permet de réduire les coûts unitaires et d'optimiser la gestion globale de plusieurs actifs.

- **Numérisation et automatisation** : L'intégration de solutions numériques et automatisées dans les processus de surveillance et de maintenance réduit la dépendance à la main-d'œuvre et améliore l'efficacité opérationnelle.

7.2.3.5 Prolongation de la durée de vie des actifs

Pour maximiser la valeur extraite d'un actif mature, il est souvent nécessaire d'investir dans des technologies innovantes visant à prolonger sa durée de vie. Parmi ces technologies, on peut citer :

- **Injection de gaz ou d'eau** : Ces techniques, en maintenant la pression dans le réservoir, permettent de repousser le déclin de production et de prolonger la période d'exploitation rentable.

- **Utilisation de matériaux avancés** : Le remplacement de composants vieillissants par des matériaux de dernière génération contribue à réduire les coûts de maintenance et à améliorer la fiabilité des infrastructures.

7.2.3.6 Meilleures pratiques pour une gestion opérationnelle durable

Pour réussir la gestion opérationnelle d'actifs matures, il est indispensable d'adopter une vision à long terme et de collaborer étroitement avec l'ensemble des parties prenantes. Parmi les meilleures pratiques, on peut citer :

- **Élaboration d'un plan de gestion à long terme** : Ce plan doit prendre en compte les évolutions technologiques, les contraintes du marché et les objectifs économiques, tout en intégrant une planification budgétaire rigoureuse et la priorisation des projets à forte valeur ajoutée.

- **Collaboration avec les parties prenantes** : La coopération entre opérateurs, régulateurs, investisseurs et autres acteurs du secteur permet de s'assurer que les investissements et les stratégies opérationnelles sont alignés avec les exigences économiques et environnementales.

- **Investissement dans la formation et le développement des compétences** : La montée en compétence des équipes sur les nouvelles technologies et les normes HSE est cruciale pour garantir la qualité des interventions et la pérennité de l'actif.

7.3 Importance d'un plan de gestion du gisement

La gestion du gisement est une discipline centrale dans l'industrie des hydrocarbures. Elle vise à optimiser l'exploitation des ressources en assurant la stabilité et l'intégrité du réservoir sur le long terme. Un plan de gestion du gisement bien conçu constitue la pierre angulaire d'une exploitation équilibrée et durable. Ce plan doit intégrer des aspects techniques, économiques et environnementaux pour maximiser la récupération des hydrocarbures tout en minimisant les impacts négatifs sur le réservoir.

7.3.1 Objectifs d'un plan de gestion du gisement

Les objectifs principaux d'un plan de gestion du gisement sont multiples et interdépendants :

- **Maximisation de la récupération** : L'objectif fondamental est d'optimiser le volume des hydrocarbures extraits, en s'appuyant sur des techniques avancées et des stratégies d'exploitation adaptées.

- **Préservation de l'intégrité du réservoir** : Il est primordial d'éviter toute opération susceptible d'endommager le réservoir, que ce soit par des variations brusques de pression ou par des interventions inappropriées.

- **Minimisation des coûts opérationnels** : Une gestion efficace du gisement doit permettre de réduire les dépenses en planifiant les interventions de manière stratégique et en utilisant des technologies d'optimisation.

- **Conformité réglementaire** : Le plan doit respecter scrupuleusement les exigences des autorités gouvernementales et des entités réglementaires, notamment en matière de santé, sécurité et environnement (HSE).

7.3.2 Différentielles de pression et protection du réservoir

Dans de nombreux pays, les autorités imposent des différentielles de pression strictes pour réguler l'extraction des hydrocarbures. Ces seuils sont établis afin de protéger le réservoir contre des dommages irréversibles qui pourraient compromettre sa capacité de production. Le non-respect de ces limites peut entraîner des conséquences sévères :

- **Endommagement de la roche réservoir** : Une pression trop élevée peut fracturer la roche, réduisant ainsi la capacité du réservoir à contenir les hydrocarbures.

- **Intrusion d’eau** : Une baisse excessive de la pression peut provoquer l’intrusion d’eau dans le réservoir, phénomène qui dilue la qualité de la production et diminue le rendement global.

- **Surtension dans les équipements** : Les fluctuations anormales de pression peuvent endommager les infrastructures de surface et sous-marines, générant des coûts imprévus et des interruptions de production.

La surveillance rigoureuse et le respect des différentielles de pression sont donc essentiels pour préserver l’intégrité du gisement et garantir une exploitation durable.

7.3.3 Planification à long terme et scénarios d’exploitation

Une exploitation pérenne d’un gisement repose sur une planification à long terme qui anticipe les évolutions techniques, économiques et environnementales. Plusieurs éléments constituent la base d’une planification efficace :

- **Modélisation du réservoir** : L’utilisation de logiciels avancés permet de simuler le comportement du réservoir en fonction des interventions envisagées. Ces modèles fournissent des prévisions précises qui orientent les décisions stratégiques.

- **Scénarios d’exploitation** : L’élaboration de différents scénarios d’exploitation permet d’anticiper diverses éventualités, qu’il s’agisse d’un déclin progressif de la production ou de la nécessité d’interventions spécifiques.

- **Budgétisation à long terme** : La définition de budgets échelonnés pour couvrir les investissements et les opérations futures est cruciale. Une gestion budgétaire rigoureuse assure la disponibilité des ressources financières nécessaires pour la mise en œuvre des stratégies.

- **Plans de contingence** : Des stratégies de repli doivent être établies en cas d'imprévus, tels que des incidents techniques ou des fluctuations imprévisibles du marché. Ces plans garantissent une réponse rapide et efficace face aux aléas.

7.3.4 Surveillance continue et outils technologiques

La surveillance continue du gisement constitue l'un des piliers d'une gestion proactive et réactive. Elle repose sur l'utilisation d'outils technologiques avancés qui permettent de mesurer en temps réel l'évolution des paramètres critiques du réservoir :

- **Capteurs de pression et de température** : Installés dans les puits, ces dispositifs mesurent en continu les variations de pression et de température, fournissant des données essentielles pour ajuster les stratégies d'exploitation.

- **Analyse des données de production** : La comparaison régulière des taux de production réels aux prévisions permet de détecter rapidement tout écart ou anomalie, facilitant ainsi la prise de décision.

- **Sismique 4D** : L'utilisation de la sismique en 4D (trois dimensions spatiales plus l'évolution dans le temps) offre une vision dynamique de l'évolution du réservoir, permettant d'identifier des zones de faiblesse ou des opportunités d'intervention.

Les avantages d'une surveillance continue sont nombreux : elle permet une prise de décision rapide, contribue à la prévention des défaillances et optimise l'efficacité de la récupération.

7.3.5 Techniques de récupération améliorée (EOR)

À mesure que le gisement mûrit, les techniques traditionnelles d'extraction deviennent moins efficaces. La récupération améliorée (Enhanced Oil Recovery – EOR) joue alors un rôle crucial dans l'optimisation de la production. Les principales techniques EOR incluent:

- **Injection de gaz** : L'injection de CO_2 ou de gaz naturel permet de maintenir la pression dans le réservoir et de mobiliser les hydrocarbures résiduels.

- **Injection d'eau** : Cette méthode vise à augmenter la pression dans le réservoir, favorisant ainsi le déplacement des hydrocarbures vers les puits producteurs.

- **Injection de produits chimiques** : L'ajout de polymères ou de surfactants réduit la tension interfaciale entre l'eau et l'huile, facilitant ainsi la mobilisation des hydrocarbures.

Ces techniques doivent être intégrées dans le plan de gestion du gisement, en tenant compte des investissements nécessaires et des gains potentiels en production.

7.3.6 Gestion des risques et impact environnemental

La gestion du gisement ne se limite pas à l'optimisation de la production. Elle intègre également une dimension essentielle liée à la gestion des risques, qu'ils soient techniques, économiques ou environnementaux. Parmi les approches recommandées figurent :

- **Audits réguliers** : La mise en place d'inspections périodiques permet de s'assurer que l'ensemble des infrastructures respecte les normes et de détecter rapidement toute anomalie.

- **Formation continue** : La montée en compétence des équipes, à travers des programmes de formation adaptés, garantit une réaction rapide et efficace en cas d'incidents.

- **Collaboration interdisciplinaire** : L'association d'experts issus de domaines variés – géologues, ingénieurs, économistes, spécialistes HSE – permet d'élaborer une approche globale et holistique de la gestion du gisement.

Par ailleurs, l'impact environnemental de l'exploitation doit être constamment évalué et maîtrisé :

➢ **Réduction des émissions** : Des technologies de capture et de stockage du CO_2 peuvent être mises en œuvre pour limiter l'empreinte carbone des opérations.

➢ **Gestion des déchets** : Le traitement des fluides et des déchets produits durant l'exploitation est primordial pour éviter la pollution des sols et des eaux.

- **Restauration des sites** : Après la fin de l'exploitation, des plans de remise en état des sites doivent être réalisés pour assurer la reconversion des zones affectées.

Synthèse et perspectives

La gestion d'un actif pétrolier, qu'il s'agisse d'un actif non opéré ou d'un actif mature, nécessite une approche intégrée et multidimensionnelle. Elle repose sur la capacité à concilier des impératifs économiques, opérationnels et environnementaux dans un contexte souvent marqué par l'incertitude et la complexité technique.

Points clés à retenir

a) Compréhension économique et suivi de la profitabilité

L'analyse rigoureuse des coûts de production, des marges bénéficiaires et des flux financiers constitue la première étape pour garantir que l'actif génère de la valeur. Une gestion proactive permet de détecter rapidement les signes de déclin de rentabilité et d'ajuster les stratégies en conséquence.

b) Gestion spécifique des actifs matures

Les actifs matures requièrent des stratégies adaptées pour pallier la diminution naturelle de la production et les défis liés à l'obsolescence des infrastructures. La maintenance prédictive, l'optimisation des calendriers d'entretien et la mutualisation des ressources sont autant de leviers qui permettent de prolonger la durée de vie et d'optimiser la performance économique.

c) Élaboration d'un plan de gestion du gisement

Un plan de gestion du gisement bien conçu intègre une planification à long terme, la surveillance continue des paramètres critiques, l'utilisation de techniques de récupération améliorée et une gestion rigoureuse des risques. Ce plan constitue la base d'une exploitation équilibrée, garantissant la maximisation de la récupération des hydrocarbures tout en préservant l'intégrité du réservoir.

d) Intégration des aspects HSE et de la durabilité

La sécurité, la santé et le respect de l'environnement sont des dimensions incontournables dans la gestion d'un actif pétrolier. Le respect des normes réglementaires, la formation continue des équipes et la mise en œuvre de technologies respectueuses de l'environnement permettent de minimiser les risques d'incidents et d'assurer une exploitation durable.

Perspectives d'avenir

L'évolution des technologies numériques, l'amélioration des outils de surveillance et l'intégration de solutions d'intelligence artificielle ouvrent de nouvelles perspectives pour la gestion d'actifs pétroliers. Ces innovations permettront non seulement d'optimiser la récupération et de réduire les coûts, mais aussi d'améliorer la prise en compte des enjeux environnementaux et de sécurité. Le futur de la gestion d'actifs pétroliers reposera ainsi sur une approche toujours plus intégrée, combinant expertise technique, analyse économique et engagement en faveur du développement durable.

La gestion d'un actif pétrolier, qu'il soit en phase d'exploitation initiale ou en phase mature, demande une compréhension approfondie des dynamiques économiques et opérationnelles. La surveillance des indicateurs financiers, la mise en œuvre de stratégies de maintenance prédictive, la gestion rigoureuse des risques HSE et l'élaboration d'un plan de gestion du gisement sont autant d'éléments qui, mis en œuvre de manière cohérente, permettent de garantir la rentabilité et la durabilité de l'actif.

Les indications supra offrent un cadre de référence complet pour les gestionnaires d'actifs pétroliers. Elles soulignent l'importance d'une approche intégrée, qui conjugue analyse technique, suivi économique et respect des exigences environnementales. Dans un contexte de transition énergétique et de fluctuations du marché, l'adaptation continue des stratégies de gestion est indispensable pour maintenir la compétitivité et la sécurité des opérations.

Ainsi, que ce soit par le biais d'investissements technologiques, de la numérisation des processus ou de la formation continue des équipes, chaque action doit viser à optimiser la performance globale de l'actif. Le succès d'une gestion d'actif repose sur l'équilibre entre la maximisation de la récupération des hydrocarbures et la minimisation des risques associés, tout en garantissant une exploitation respectueuse de l'environnement.

À l'heure où les enjeux énergétiques et environnementaux se font de plus en plus pressants, la capacité des gestionnaires à anticiper et à innover dans leurs pratiques de gestion déterminera la réussite des projets pétroliers. La voie à suivre implique une synergie entre technologies avancées, expertise opérationnelle et engagement en faveur d'une exploitation durable, pour transformer les défis liés aux actifs matures en opportunités de création de valeur à long terme.

Par conséquent, la compréhension des dynamiques économiques, la maîtrise des interventions techniques et l'intégration d'une gestion rigoureuse des risques environnementaux et sécuritaires constituent les piliers fondamentaux de la gestion efficace d'un actif pétrolier. Ce chapitre, en présentant de manière détaillée les pratiques recommandées et les stratégies d'optimisation, offre aux gestionnaires les outils nécessaires pour relever les défis actuels et futurs dans un secteur en constante évolution.

En définitive, la gestion efficace d'un actif pétrolier repose sur une approche intégrée, une vision à long terme et une capacité d'adaptation face aux évolutions technologiques et réglementaires. C'est en combinant rigueur financière, expertise technique et engagement environnemental que l'on pourra garantir une exploitation rentable et durable, en phase avec les exigences contemporaines de compétitivité et de responsabilité.

Chapitre 8
Dynamique contractuelle et partage de la rente

L'exploitation des ressources pétrolières repose sur des accords juridiques complexes signés entre les gouvernements – ou leurs entités étatiques – et les entreprises pétrolières, souvent organisées sous forme de consortiums. Ces contrats, véritables instruments de régulation, visent à définir précisément les modalités de répartition des risques, des coûts et des bénéfices liés à l'exploration, au développement et à la production d'hydrocarbures dans des zones géographiques déterminées. Ils traduisent d'une part les objectifs économiques des États, soucieux de maximiser les retombées financières et de garantir la souveraineté de leurs ressources, et d'autre part les impératifs de rentabilité, de sécurité juridique et de retour sur investissement exigés par les investisseurs privés. Dans un contexte de mondialisation et de concurrence accrue, l'évolution et la sophistication de ces contrats jouent un rôle déterminant dans l'optimisation du partage de la rente et dans la pérennité des actifs pétroliers.

8.1 Typologies des contrats pétroliers

Les contrats pétroliers se déclinent en plusieurs formes, dont le choix dépend largement des caractéristiques géologiques du sous-sol, des enjeux économiques et des priorités stratégiques des États et des opérateurs. Parmi les principaux modèles contractuels, nous pouvons distinguer :

8.1.1 Concessions

Dans le cadre des concessions, l'entreprise pétrolière obtient le droit exclusif d'explorer, de développer et de produire des hydrocarbures sur une zone géographique bien délimitée. Ce modèle confère à l'opérateur une grande liberté dans la gestion de l'actif, tout en l'obligeant à supporter l'intégralité des risques et des coûts liés aux opérations. En contrepartie, l'entreprise se voit attribuer une part significative des revenus générés par la production, moyennant le versement de taxes, de redevances et parfois même une participation aux bénéfices au profit de l'État. Ce système permet de stimuler l'investissement privé tout en préservant une source de revenus durable pour l'État. Toutefois, la nécessité d'un suivi rigoureux et d'une transparence totale dans la gestion des coûts est primordiale pour éviter que des pratiques abusives ne viennent compromettre l'équilibre économique de l'accord.

8.1.2 Contrats de partage de production (Production Sharing Contracts - PSC)

Les contrats de partage de production représentent un autre modèle largement utilisé dans l'industrie pétrolière. Dans ce cadre, l'entreprise assume initialement l'ensemble des investissements pour l'exploration et le développement. Une fois la production opérationnelle, une partie de celle-ci, appelée le « cost oil », est allouée à l'opérateur afin de récupérer ses coûts d'investissement et d'exploitation. Le reste, désigné sous le terme de « profit oil », est ensuite partagé entre l'entreprise et l'État selon des pourcentages négociés au préalable. Ce mécanisme offre un double avantage : il permet d'atténuer les risques financiers pour l'État tout en incitant l'opérateur à optimiser ses coûts et à améliorer la rentabilité globale du projet. L'équilibre entre la part de coût récupérée et la part de profit partagé reste cependant un enjeu majeur de négociation, qui doit être ajusté en fonction de l'évolution des prix du pétrole et des impératifs de développement durable.

8.1.3 Contrats de service

Les contrats de service adoptent une approche différente en ce sens que l'opérateur ne détient pas nécessairement la propriété des hydrocarbures extraits. Dans ce modèle, l'entreprise agit en tant que prestataire de services pour l'État, en mettant à disposition son expertise technique et ses capacités opérationnelles pour mener à bien l'exploration et la production. La rémunération de l'opérateur se base alors sur un tarif fixe ou sur une part déterminée des revenus générés, tandis que l'État conserve l'intégralité du produit pétrolier. Ce type de contrat présente l'avantage de réduire l'exposition de l'État aux risques opérationnels, bien que la gestion des coûts et la garantie d'une qualité de service optimale demeurent des enjeux cruciaux pour assurer la transparence et l'efficacité de l'exploitation.

8.1.4 Contrats de joint-venture

Les contrats de joint-venture reposent sur un partenariat stratégique entre une entité étatique et une ou plusieurs entreprises privées. Ce modèle se caractérise par une mutualisation des investissements, des risques et des bénéfices, permettant ainsi une répartition plus équilibrée des responsabilités et une meilleure gestion des ressources. L'association des compétences techniques et financières de l'opérateur privé avec la connaissance du contexte local et la capacité de négociation de l'État crée une synergie qui favorise une exploitation plus efficiente de l'actif pétrolier. Toutefois, cette forme de collaboration requiert des mécanismes de gouvernance robustes afin de garantir un alignement des intérêts de chaque partie et de prévenir les conflits potentiels liés à la répartition des tâches et des bénéfices.

8.2 Saturation des coûts et contrôle budgétaire

L'un des défis majeurs de la gestion contractuelle dans le secteur pétrolier réside dans la maîtrise des coûts opérationnels. La notion de « saturation des coûts » désigne la tendance de certains membres, notamment les acteurs non-opérateurs, à accepter des dépenses élevées dans le but de maximiser des revenus à court terme. Cette approche, bien que pouvant sembler avantageuse dans l'immédiat, s'avère souvent contre-productive sur le long terme lorsque les coûts ne génèrent pas une réelle création de valeur ou n'améliorent pas significativement l'actif exploité.

Pour contrer cette dérive, il est impératif que les contrats prévoient des mécanismes de contrôle budgétaire stricts. Parmi ces mécanismes, l'inclusion de clauses d'approbation préalable des dépenses, la mise en place d'audits réguliers réalisés par des experts indépendants et l'adoption de procédures de validation des coûts s'avèrent essentiels. Ces outils permettent non seulement d'assurer une transparence financière, mais également d'encourager une gestion rigoureuse et responsable, garantissant ainsi que chaque investissement contribue véritablement à la valorisation de l'actif pétrolier.

8.3 Performance contractuelle et objectifs à long terme

Afin d'assurer une exploitation durable et rentable des ressources pétrolières, il apparaît indispensable d'intégrer des clauses de performance dans les contrats. Ces clauses doivent définir des objectifs précis à long terme, allant de la préservation ou de l'augmentation de la production à la réduction des coûts d'exploitation, en passant par la minimisation de l'impact environnemental.

Une attention particulière doit être portée à l'articulation entre les rémunérations à court terme et les objectifs de performance sur le long terme. En effet, une rémunération trop axée sur les résultats immédiats peut inciter l'opérateur à adopter des stratégies de gestion non durables, favorisant des pratiques susceptibles de compromettre l'intégrité de l'actif ou de générer des coûts cachés à long terme. À cet effet, il est recommandé d'établir des indicateurs de performance clés (Key Performance Indicators – KPIs) qui permettront d'évaluer de manière régulière la performance opérationnelle. Ces indicateurs peuvent inclure, par exemple, le taux de production journalière, le coût moyen par baril ou encore le taux de récupération des hydrocarbures. La mise en place de systèmes de suivi et d'évaluation réguliers favorise une prise de décision éclairée et permet d'ajuster les stratégies en fonction des évolutions du marché et des conditions techniques.

8.4 Impact sur les revenus et la gestion des conflits

La performance contractuelle d'un opérateur influe directement sur la répartition des revenus entre les différents partenaires. Une mauvaise gestion ou une exploitation inefficace peut entraîner une baisse significative de la production, une augmentation injustifiée des coûts ou encore des litiges portant sur le partage des bénéfices. Les conséquences d'une telle situation ne se limitent pas uniquement à l'aspect financier, mais affectent également la confiance entre les partenaires et la stabilité du contrat.

Pour prévenir ces risques, il est crucial de mettre en place des dispositifs de contrôle et de surveillance proactifs. Par exemple, la réalisation d'audits périodiques par des organismes indépendants permet de détecter rapidement toute anomalie dans la gestion des coûts ou des opérations. De plus, la création de comités de suivi composés de représentants des opérateurs et des membres non-opérateurs favorise une communication fluide et une prise de décision collective. Ces comités, en réunissant des experts techniques et financiers, jouent un rôle clé dans la résolution rapide des conflits et dans l'ajustement des stratégies en fonction des défis rencontrés sur le terrain.

Par ailleurs, la transparence dans le reporting financier et opérationnel est un facteur déterminant pour le maintien de la confiance entre les parties. Des rapports réguliers, détaillant l'évolution de la production, la ventilation des coûts et la performance des opérations, constituent un outil indispensable pour garantir la bonne gestion du contrat et pour anticiper les éventuelles dérives susceptibles d'affecter la répartition des revenus.

8.5 Mécanismes de gouvernance et alignement des intérêts

L'un des enjeux fondamentaux dans la gestion des contrats pétroliers est l'alignement des intérêts entre les différentes parties prenantes. Cet objectif, essentiel pour assurer une exploitation équilibrée et durable, peut être atteint à travers plusieurs mécanismes de gouvernance :

8.5.1 Partage équitable des risques et des bénéfices

Les clauses contractuelles doivent prévoir une répartition claire et transparente des risques et des bénéfices. Dans le cas des contrats de partage de production, par exemple, la distinction entre « cost oil » et « profit oil » doit être établie de manière rigoureuse afin de garantir que l'opérateur puisse récupérer ses investissements sans pour autant compromettre les revenus de l'État. Un partage équilibré des bénéfices incite chaque partie à œuvrer dans le meilleur intérêt du projet, en veillant à la fois à la maîtrise des coûts et à l'optimisation de la production.

8.5.2 Structures de décision collaborative

La mise en place de structures de gouvernance collaboratives, telles que des comités de gestion ou des conseils de surveillance, permet d'impliquer tous les partenaires dans le processus décisionnel. Ces instances, composées de représentants de l'État et des entreprises privées, favorisent une approche collective des décisions stratégiques et opérationnelles. En permettant à chaque partie de faire entendre sa voix, elles contribuent à renforcer la responsabilité mutuelle et à réduire les tensions qui pourraient émerger d'intérêts divergents. La transparence et la régularité des réunions de ces comités constituent des atouts majeurs pour assurer une gestion partagée et équitable de l'actif pétrolier.

8.5.3 Suivi et évaluation indépendants

Afin de garantir la crédibilité et la fiabilité des opérations, l'intégration d'audits indépendants constitue une pratique recommandée. Ces audits permettent de vérifier la conformité des coûts engagés et la bonne exécution des clauses contractuelles, tout en fournissant une évaluation objective de la performance opérationnelle. En s'appuyant sur des experts tiers, les parties prenantes bénéficient d'un regard impartial sur la gestion de l'actif, ce qui renforce la transparence et la confiance entre les partenaires.

8.5.4 Inclusion de clauses environnementales et sociales

Dans un contexte de transition énergétique et de préoccupations croissantes liées aux enjeux environnementaux, il est indispensable que les contrats pétroliers intègrent des clauses relatives à la protection de l'environnement et à la responsabilité sociale. Ces dispositions, allant de la réduction des émissions de gaz à effet de serre à la mise en place de mesures de compensation écologique, permettent d'encadrer l'exploitation des ressources de manière durable. Elles répondent également aux attentes des investisseurs, de plus en plus sensibles aux critères ESG (Environnement, Social et Gouvernance), et renforcent la légitimité des projets pétroliers auprès de la communauté internationale.

8.6 Importance des audits et du reporting dans la transparence contractuelle

La transparence constitue l'un des piliers sur lesquels repose la réussite des relations contractuelles dans le secteur pétrolier. Un suivi rigoureux, couplé à des audits réguliers, permet de garantir la conformité des opérations et de prévenir les dérives potentielles dans la gestion des coûts et des revenus. Voici quelques pratiques essentielles à cet égard :

8.6.1 Audit des coûts et contrôle financier

Chaque coût engagé dans le cadre des opérations pétrolières doit faire l'objet d'une justification détaillée et être soumis à un contrôle indépendant. Les audits des coûts permettent non seulement de vérifier la pertinence et la conformité des dépenses avec les objectifs du contrat, mais aussi de détecter les anomalies et les surcoûts éventuels. La mise en place de procédures rigoureuses de validation des dépenses, associée à des audits périodiques, garantit une gestion financière transparente et prévient les tentatives de surfacturation ou d'optimisation abusive des coûts.

8.6.2 Reporting régulier et communication des résultats

La production de rapports financiers et opérationnels réguliers est indispensable pour maintenir une vue d'ensemble claire de la performance du projet. Ces rapports doivent détailler l'évolution de la production, la ventilation des coûts, l'atteinte des indicateurs de performance et l'impact des mesures environnementales. Ils constituent un outil précieux pour les parties prenantes, permettant d'ajuster la stratégie en fonction des résultats obtenus et de renforcer la confiance entre les partenaires. Une communication fluide et régulière facilite également l'anticipation des difficultés et la mise en œuvre de mesures correctives en temps opportun.

8.6.3 Suivi des indicateurs clés de performance (KPIs)

La définition et le suivi d'indicateurs de performance clés (KPIs) sont essentiels pour orienter la gestion opérationnelle du projet. Parmi ces indicateurs, on peut citer :

- **La production journalière** : mesure de la quantité de pétrole extraite sur une période donnée, reflet direct de l'efficacité opérationnelle.

- **Le coût par baril** : indicateur crucial permettant d'évaluer l'efficience économique des opérations et d'identifier les leviers d'optimisation.
- **Le taux de récupération** : indicateur de l'efficacité des techniques d'extraction mises en œuvre, qui influence directement la rentabilité du projet.

En assurant un suivi régulier de ces indicateurs, les parties prenantes disposent d'un outil de pilotage permettant d'ajuster les opérations en fonction des objectifs stratégiques et d'anticiper les écarts de performance.

L'évolution des contrats pétroliers s'inscrit dans un processus constant d'adaptation aux enjeux économiques, environnementaux et technologiques. La dynamique contractuelle et le partage de la rente reposent sur des principes d'équité, de transparence et de collaboration entre les partenaires. Les différentes typologies de contrats – qu'il s'agisse de concessions, de contrats de partage de production, de contrats de service ou de joint-ventures – illustrent la diversité des approches possibles pour optimiser l'exploitation des ressources pétrolières.

Face aux défis liés à la saturation des coûts, à la nécessité d'un suivi rigoureux et à l'intégration de critères de performance à long terme, il est impératif d'instaurer des mécanismes de gouvernance robustes. Le partage équitable des risques et des bénéfices, la mise en place de structures décisionnelles collaboratives, ainsi que l'inclusion d'audits indépendants et de clauses environnementales, constituent autant de leviers permettant d'harmoniser les intérêts des acteurs impliqués.

Enfin, la transparence dans le reporting et la gestion proactive des coûts garantissent non seulement la pérennité économique du projet, mais également le respect des engagements environnementaux et sociaux. Dans un secteur en constante mutation, l'adaptation des contrats pétroliers aux nouvelles exigences du marché et aux impératifs de développement durable demeure une condition sine qua non pour assurer la réussite et la légitimité de l'exploitation des hydrocarbures.

En définitive, la dynamique contractuelle et le partage de la rente représentent des éléments clés de la gouvernance des actifs pétroliers. Ils permettent de concilier les exigences de rentabilité des investisseurs privés avec les impératifs de développement durable et de souveraineté des États, en posant les bases d'une exploitation équilibrée, transparente et responsable des ressources naturelles. Ce cadre contractuel, en constante évolution, demeure le garant d'une collaboration fructueuse entre les partenaires et d'une valorisation pérenne des actifs pétroliers dans un environnement économique et environnemental en perpétuelle transformation.

Chapitre 9

Les indicateurs financiers de base

Dans le secteur pétrolier, et plus particulièrement dans la gestion des actifs non opérés, l'analyse financière occupe une place prépondérante. Les indicateurs financiers de base permettent d'appréhender la performance économique d'un actif, d'orienter les décisions stratégiques et de maximiser la rentabilité à long terme. Ce chapitre propose une étude approfondie des principaux outils financiers utilisés pour évaluer la viabilité des projets pétroliers non opérés, en mettant l'accent sur la complémentarité de ces indicateurs et leur rôle dans la gestion des risques et des investissements.

9.1 La Valeur Actuelle Nette (NPV)

La Valeur Actuelle Nette, souvent abrégée en NPV (Net Present Value), est sans conteste l'un des indicateurs les plus utilisés pour évaluer la rentabilité d'un projet. Elle se définit comme la somme actualisée des flux de trésorerie futurs générés par l'actif, moins les investissements initiaux. L'intérêt de la NPV réside dans son aptitude à intégrer la notion de valeur temps de l'argent : un dollar aujourd'hui a une valeur supérieure à un dollar dans le futur.

Dans le cadre d'un actif non opéré, la NPV permet de vérifier si les bénéfices prévus, une fois actualisés, couvrent l'ensemble des coûts engagés, y compris l'investissement initial et les dépenses opérationnelles. Par exemple, imaginons un champ pétrolier qui prévoit de générer des revenus totalisant 100 millions de dollars sur une période de dix ans, avec des coûts d'exploitation estimés à 60 millions de dollars et un investissement initial de 30 millions. En appliquant un taux d'actualisation de 10 %, la NPV offre une vision synthétique de la rentabilité du projet et, en cas de résultat positif, signale la création de valeur. À l'inverse, une NPV négative suggère que les revenus futurs ne compenseront pas les coûts, incitant à revoir la stratégie ou à réévaluer les paramètres du projet.

9.2 Le Taux de Rendement Interne (IRR)

Le Taux de Rendement Interne, ou IRR (Internal Rate of Return), est un autre outil clé dans l'évaluation des projets d'investissement. Il correspond au taux d'actualisation pour lequel la NPV est nulle. En d'autres termes, l'IRR représente le rendement annuel moyen attendu du projet, tenant compte de l'ensemble des flux de trésorerie générés sur sa durée de vie.

Dans le domaine des actifs non opérés, l'IRR est particulièrement utile pour comparer différentes opportunités d'investissement. Lorsqu'un projet affiche un IRR supérieur au coût du capital, il peut être considéré comme attrayant, car il devrait générer des rendements supérieurs aux attentes minimales des investisseurs. Ce critère aide les gestionnaires à prioriser les investissements en dirigeant les ressources financières vers les projets les plus prometteurs, tout en restant vigilants face aux risques inhérents à l'exploration et à la production pétrolière.

9.3 Le Ratio de Couverture de la Dette (DOC)

Le ratio de couverture de la dette, ou DOC (Debt Coverage Ratio), est un indicateur essentiel pour mesurer la capacité d'un projet à honorer ses engagements financiers. Il se calcule en divisant les flux de trésorerie opérationnels par le service de la dette (remboursements et intérêts). Un

DOC élevé est le signe d'une solidité financière, car il démontre que les revenus générés par l'actif sont suffisants pour couvrir les charges d'endettement.

Dans le contexte des actifs non opérés, le suivi du DOC est crucial pour rassurer les investisseurs et les institutions financières qui accordent des crédits. En effet, une gestion prudente du niveau d'endettement permet d'atténuer les risques financiers et de garantir la stabilité économique du projet, même en cas de fluctuations défavorables des prix du pétrole.

9.4 Le Ratio de Remplacement des Réserves (RRR)

Le Ratio de Remplacement des Réserves, abrégé en RRR (Reserve Replacement Ratio), est un indicateur qui mesure la capacité d'une entreprise à remplacer les réserves extraites par de nouvelles découvertes ou acquisitions. Un RRR supérieur à 1 est généralement recherché, car il garantit que l'entreprise est en mesure de compenser l'épuisement des réserves et d'assurer la pérennité de son portefeuille d'actifs.

Pour les actifs non opérés, le suivi du RRR est primordial dans la planification à long terme. Il permet de vérifier si la stratégie d'exploration et de développement est efficace, et si l'entreprise parvient à identifier de nouveaux gisements ou à acquérir des actifs prometteurs. Un RRR insuffisant pourrait inciter à revoir la politique d'investissement et à intensifier les efforts de recherche afin d'éviter une dégradation de la production future.

9.5 Le Taux de Croissance Annuel Composé (CAGR) de la Production

Le Taux de Croissance Annuel Composé, ou CAGR (Compound Annual Growth Rate), mesure l'évolution moyenne de la production sur une période donnée. Cet indicateur est particulièrement pertinent pour les actifs non opérés, car il offre une vision claire des tendances de production à moyen et long terme. Un CAGR positif indique que la production augmente de façon stable, ce qui se traduit par une amélioration progressive des revenus et des flux de trésorerie.

L'analyse du CAGR permet aux gestionnaires de suivre l'efficacité des mesures mises en œuvre pour optimiser l'extraction et de détecter rapidement toute baisse de performance. Dans un environnement où la production peut être affectée par divers facteurs techniques et géopolitiques, le CAGR représente un outil d'évaluation dynamique de la santé opérationnelle du projet.

9.6 Les Flux de Trésorerie et le Flux de Trésorerie Libre (FCF)

Les flux de trésorerie constituent l'indicateur fondamental permettant de mesurer la liquidité générée par un actif. Ils représentent les entrées et sorties de liquidités issues des opérations, des investissements et du financement. Le flux de trésorerie libre (Free Cash-Flow, FCF) se distingue en ce qu'il correspond aux liquidités disponibles après avoir déduit les dépenses en capital nécessaires pour maintenir ou développer l'actif.

Dans la gestion des actifs non opérés, l'analyse des flux de trésorerie, et en particulier du FCF, offre une image fidèle de la capacité de l'entreprise à financer ses opérations et à investir dans de nouvelles opportunités sans recourir systématiquement à l'endettement externe. Un FCF positif et croissant est un gage de robustesse financière, permettant à l'entreprise de distribuer des dividendes, de réduire ses dettes et de renforcer ses fonds propres.

9.7 L'Analyse du Bilan (Balance Sheet)

Le bilan est une photographie instantanée de la situation financière d'un actif à un moment donné. Il recense l'ensemble des actifs détenus, les passifs engagés et les capitaux propres. Pour les actifs non opérés, l'analyse régulière du bilan est indispensable pour surveiller l'évolution du niveau d'endettement et évaluer la solidité financière globale.

L'optimisation du bilan passe par une gestion rigoureuse des coûts, une réduction des dettes à court terme et une structuration équilibrée du capital. En identifiant les leviers de performance et en mettant en œuvre des stratégies d'optimisation, les gestionnaires peuvent ainsi renforcer la résilience financière de l'actif et améliorer sa capacité à investir dans de nouveaux projets.

9.8 Le Taux de Rendement par Rapport aux Revenus (ROR)

Le taux de rendement par rapport aux revenus, ou ROR (Return on Revenue), mesure la rentabilité d'un actif en rapportant le profit net aux revenus générés. Cet indicateur est essentiel pour évaluer l'efficacité de la gestion opérationnelle, notamment dans les actifs non opérés où les coûts d'exploitation et les dépenses opérationnelles doivent être maîtrisés pour garantir des marges suffisantes.

Un ROR élevé témoigne d'une gestion efficiente, où les revenus permettent non seulement de couvrir les coûts mais aussi de générer une valeur ajoutée significative pour l'entreprise. En surveillant régulièrement le ROR, les décideurs peuvent ajuster les politiques de tarification, rationaliser les dépenses et maintenir une compétitivité accrue sur un marché souvent volatile.

9.9 Le Ratio d'Efficacité du Capital Investi (ROCE)

Le Ratio d'Efficacité du Capital Investi, ou ROCE (Return on Capital Employed), quantifie la rentabilité obtenue par rapport aux capitaux totaux mobilisés dans le projet. Cet indicateur met en lumière l'utilisation optimale des ressources financières et permet de comparer la performance entre différents actifs ou projets.

Dans le contexte des actifs non opérés, le ROCE revêt une importance stratégique en aidant à identifier les investissements les plus profitables. Un ROCE élevé est le signe d'une gestion rigoureuse et d'une allocation efficace du capital, tandis qu'un ROCE faible pourrait indiquer des inefficacités opérationnelles ou un besoin de réévaluation des investissements réalisés. Ainsi, le suivi du ROCE permet d'orienter les choix stratégiques et d'ajuster les priorités d'investissement pour maximiser le retour sur capital.

9.10 Le Coût par Baril Produit

Le coût par baril produit est un indicateur opérationnel crucial qui reflète les dépenses moyennes nécessaires pour extraire un baril de pétrole. Cette métrique est particulièrement pertinente dans un environnement de marché caractérisé par des fluctuations importantes des prix du pétrole. Pour les actifs non opérés, maîtriser ce coût est indispensable pour garantir des marges bénéficiaires compétitives.

La réduction du coût par baril passe par l'optimisation des processus d'extraction, l'utilisation de technologies innovantes et une gestion rigoureuse des dépenses opérationnelles. Un coût par baril faible permet de résister aux baisses de prix sur le marché mondial, offrant ainsi une meilleure résilience économique aux projets pétroliers non opérés.

9.11 L'Indice de Maturité de l'Actif

Enfin, l'Indice de Maturité de l'Actif (Asset Maturity Index) constitue un indicateur synthétique qui évalue le stade de développement d'un actif, depuis la phase d'exploration jusqu'à celle de la production déclinante. Cet indice permet de positionner l'actif dans son cycle de vie et d'orienter les stratégies d'investissement en fonction de son stade de maturité.

Un actif en phase d'exploration ou de développement nécessite des investissements significatifs pour valider son potentiel, tandis qu'un actif en phase de déclin peut appeler à des stratégies de gestion différentes, telles que la réduction des coûts ou l'optimisation de la production résiduelle. La connaissance précise de la maturité de l'actif aide ainsi les gestionnaires à planifier les prochaines étapes, que ce soit pour intensifier les efforts d'exploration ou pour préparer une transition vers d'autres projets plus prometteurs.

La gestion des actifs pétroliers non opérés repose sur une analyse détaillée et multidimensionnelle des indicateurs financiers. De la Valeur Actuelle Nette (NPV) au Taux de Rendement Interne (IRR), en passant par le Ratio de

Couverture de la Dette (DOC) et le Ratio de Remplacement des Réserves (RRR), chaque indicateur offre un éclairage particulier sur la performance et la viabilité économique des projets. L'intégration de ces outils dans une approche globale permet aux gestionnaires d'identifier les opportunités, de hiérarchiser les investissements et de prendre des décisions éclairées dans un secteur où les risques sont nombreux et les marges souvent étroites.

La compréhension des flux de trésorerie, qu'ils soient bruts ou libres (FCF), et l'analyse rigoureuse du bilan contribuent également à une vision complète de la santé financière de l'actif. De même, des indicateurs tels que le ROR, le ROCE et le coût par baril produit offrent une perspective opérationnelle, indispensable pour optimiser les performances en conditions de marché fluctuantes.

En définitive, l'Indice de Maturité de l'Actif vient compléter cet ensemble en situant précisément le projet dans son cycle de vie, permettant ainsi d'adapter les stratégies d'investissement en fonction de la phase de développement. L'utilisation combinée de ces indicateurs offre une approche holistique qui permet de mieux anticiper les évolutions du marché, de gérer les risques et de garantir une rentabilité durable des actifs non opérés.

Pour les investisseurs et gestionnaires, maîtriser ces indicateurs financiers représente non seulement une compétence technique, mais également un avantage stratégique dans la prise de décisions. En effet, une évaluation précise de la performance économique d'un actif permet de prioriser les projets les plus prometteurs, de négocier des financements à des conditions avantageuses et d'optimiser l'allocation des ressources dans un environnement économique souvent imprévisible.

À mesure que le secteur pétrolier évolue, notamment avec la montée en puissance des nouvelles technologies et la transition énergétique, l'adaptation et la mise à jour de ces indicateurs restent essentielles. Ils doivent être intégrés dans une démarche proactive de gestion des risques et d'optimisation financière, garantissant ainsi la compétitivité des actifs non opérés sur le long terme.

En conclusion, une approche rigoureuse et intégrée des indicateurs financiers de base permet de transformer les défis inhérents aux actifs non opérés en véritables opportunités d'investissement. Cette vision stratégique, fondée sur des outils éprouvés tels que la NPV, l'IRR, le DOC, le RRR, le CAGR, le FCF, le bilan, le ROR, le ROCE, le coût par baril et l'indice de maturité, constitue un levier essentiel pour naviguer dans un environnement complexe et en constante évolution. Les gestionnaires qui sauront combiner ces indicateurs avec une analyse contextuelle et une vision prospective auront toutes les cartes en main pour optimiser la rentabilité et assurer la pérennité de leurs investissements pétroliers.

Chapitre 10
Intégration des indicateurs dans la gestion des actifs non opérés

L'intégration des indicateurs dans la gestion des actifs non opérés permet de garantir la pérennité et la rentabilité des investissements, particulièrement dans des secteurs complexes et volatils tels que l'industrie pétrolière.

En s'appuyant sur une panoplie d'outils financiers et opérationnels, les entreprises peuvent non seulement optimiser leurs processus de planification et de budgétisation, mais aussi améliorer leur capacité à surveiller la performance, gérer les risques, prendre les décisions stratégiques nécessaires tout en renforçant la transparence auprès de l'ensemble des parties prenantes.

L'intégration des différentes dimensions de ces indicateurs met en lumière comment des indicateurs clés tels que la valeur actuelle nette (NPV), le cash-flow, le taux de croissance annuel composé (CAGR), le taux de rendement requis (RRR), le rendement du capital employé (ROCE), le taux de rendement sur les ressources (ROR), l'indice de maturité ainsi que d'autres ratios spécifiques (comme le DOC ou le coût par baril) contribuent à une gestion optimisée des actifs.

1.1. Une planification et une budgétisation réalistes grâce aux indicateurs financiers

Dans un environnement où la volatilité des marchés et l'incertitude économique sont devenues la norme, la planification et la budgétisation s'appuient sur des indicateurs quantitatifs pour assurer la viabilité des projets. La valeur actuelle nette (NPV) est ainsi un outil essentiel qui permet de déterminer la rentabilité d'un investissement en actualisant les flux de trésorerie futurs attendus. En conjuguant cette méthode avec l'analyse des cash-flows, les entreprises peuvent établir des budgets réalistes en anticipant précisément les revenus et les dépenses sur la durée du projet. Cette approche contribue à allouer efficacement les ressources financières, en dirigeant celles-ci vers les projets les plus prometteurs et stratégiquement pertinents. De plus, l'utilisation de ces indicateurs offre une visibilité accrue sur la rentabilité potentielle de chaque initiative, permettant ainsi de minimiser les risques de surinvestissement dans des projets aux perspectives incertaines.

1.2. La surveillance de la performance : un suivi constant des indicateurs opérationnels et financiers

La performance d'un actif ne peut être évaluée qu'en tenant compte d'un ensemble d'indicateurs qui mesurent tant l'efficacité opérationnelle que la rentabilité financière. Le suivi du taux de croissance annuel composé (CAGR) est particulièrement pertinent pour analyser l'évolution à moyen ou long terme d'un actif, permettant ainsi de détecter les tendances et d'identifier les périodes de croissance soutenue ou de ralentissement. Parallèlement, l'évaluation de ratios tels que le taux de rendement requis (RRR), le rendement du capital employé (ROCE) et le taux de rendement sur les ressources (ROR) offre une vision complémentaire sur la performance financière. Ces indicateurs permettent de vérifier si l'actif parvient à générer des rendements proportionnels aux investissements réalisés et si les ressources sont utilisées de manière optimale. En combinant ces différentes mesures, les gestionnaires disposent d'un tableau de bord complet qui facilite le pilotage des performances et la prise de décisions correctives en temps réel.

1.3. Gestion proactive des risques à travers des analyses financières détaillées

La volatilité des marchés, en particulier dans le secteur pétrolier, impose aux entreprises de disposer d'outils robustes pour anticiper et gérer les risques financiers. Des ratios spécifiques, comme le DOC (dette opérationnelle consolidée) ou le coût par baril, permettent d'identifier rapidement les projets exposés à des risques financiers excessifs. En effectuant des analyses de bilan approfondies, les gestionnaires peuvent repérer les signes avant-coureurs d'un surendettement ou d'une mauvaise allocation des ressources. Par exemple, un coût par baril trop élevé peut signaler une inefficacité dans l'extraction ou la transformation, ce qui, à terme, pourrait impacter négativement la rentabilité globale de l'actif. Ainsi, la mise en place d'un suivi continu des indicateurs de risque est indispensable pour prévenir des situations de déséquilibre financier et pour assurer une gestion proactive des portefeuilles d'actifs.

1.4. La prise de décision stratégique appuyée par des comparaisons rigoureuses d'opportunités d'investissement

Dans le contexte actuel de mondialisation et de concurrence accrue, la prise de décision stratégique repose sur une analyse fine des opportunités d'investissement. L'utilisation d'indicateurs comme le taux de rendement interne (IRR) et l'indice de maturité permet de comparer différents projets sur des bases homogènes. Le taux de rendement interne, en particulier, offre une mesure précise de la rentabilité d'un projet en prenant en compte l'ensemble des flux de trésorerie futurs actualisés, tandis que l'indice de maturité fournit des informations sur le degré de développement et la maturité opérationnelle d'un actif. Ces outils d'évaluation facilitent la priorisation des investissements en identifiant ceux qui présentent un rapport risque-rendement optimal. En d'autres termes, ils aident à déterminer quelles opportunités méritent une allocation de ressources immédiate et quelles initiatives peuvent être reportées à des périodes ultérieures.

1.5. Une transparence accrue pour renforcer la confiance des parties prenantes

La transparence financière est un pilier fondamental dans la gestion moderne des actifs. Une communication claire et précise sur les performances financières, rendue possible grâce à l'intégration systématique des indicateurs, renforce la confiance des investisseurs, des partenaires et des autres parties prenantes. En fournissant des rapports détaillés et accessibles sur l'évolution des indices tels que le cash-flow, le NPV ou encore les ratios de performance, les entreprises créent un climat de confiance qui facilite l'attraction de capitaux supplémentaires. Cette transparence permet également de répondre aux exigences croissantes des régulateurs en matière de gouvernance d'entreprise et de responsabilité financière, tout en assurant une meilleure coordination entre les différentes entités impliquées dans la gestion des actifs.

1.6. Optimisation à long terme dans un contexte de volatilité des marchés

Le suivi continu des indicateurs financiers et opérationnels est crucial pour garantir que les actifs maintiennent leur capacité à créer de la valeur sur le long terme, même dans un contexte de forte volatilité. Les fluctuations des prix du pétrole, par exemple, peuvent impacter considérablement la rentabilité des projets, rendant indispensable une surveillance régulière des performances. L'analyse dynamique des indicateurs tels que le ROCE et le ROR permet de détecter les dérives potentielles et d'ajuster rapidement la stratégie de gestion en conséquence. Par ailleurs, une approche intégrée de la gestion des actifs, qui combine l'évaluation financière et opérationnelle, offre une meilleure résilience face aux perturbations du marché. Cette stratégie d'optimisation à long terme repose sur l'idée que l'amélioration continue des processus et la réactivité face aux changements de l'environnement économique sont essentielles pour assurer une création de valeur durable.

1.7. L'interconnexion entre les différents indicateurs : une vision holistique de la performance

L'un des grands avantages de l'intégration des indicateurs dans la gestion des actifs réside dans la possibilité de créer des synergies entre des mesures apparemment disparates. Par exemple, la combinaison d'un suivi précis du cash-flow avec l'analyse du NPV permet non seulement de mesurer la rentabilité d'un projet, mais aussi de prévoir son impact sur la trésorerie globale de l'entreprise. De même, la corrélation entre le suivi des ratios de rendement (IRR, ROCE, ROR) et la gestion des risques via le DOC ou le coût par baril offre une vision holistique de la santé financière d'un actif. Cette interconnexion entre les indicateurs favorise une compréhension approfondie des enjeux stratégiques et opérationnels, permettant aux décideurs de mettre en place des politiques adaptées et de maximiser la création de valeur tout en maîtrisant les risques associés.

1.8. Les défis de l'implémentation et les perspectives d'évolution

Malgré les nombreux avantages qu'offre l'intégration des indicateurs dans la gestion des actifs, la mise en œuvre de cette approche n'est pas sans défis. L'un des principaux obstacles réside dans la collecte et l'analyse de données fiables et en temps réel. Dans un environnement aussi complexe que celui du secteur pétrolier, il est crucial de disposer d'outils technologiques performants pour traiter des volumes importants de données et pour garantir l'exactitude des indicateurs utilisés. De plus, l'interprétation de ces indicateurs requiert une expertise pointue en finance et en gestion opérationnelle, ce qui peut représenter un frein pour certaines entreprises. Toutefois, les avancées technologiques en matière de big data et d'intelligence artificielle offrent aujourd'hui des perspectives prometteuses pour surmonter ces défis. Ces innovations permettent d'automatiser la collecte de données, de renforcer la précision des analyses et d'offrir des outils de visualisation sophistiqués qui facilitent la prise de décision.

Conclusion

La gestion des actifs pétroliers non opérés constitue une stratégie clé dans un secteur où les défis financiers, techniques et environnementaux sont immenses. Ce modèle d'investissement repose sur une philosophie de collaboration et de partage des responsabilités, permettant aux entreprises de maximiser leurs rendements tout en limitant leur exposition directe aux risques opérationnels. Les partenariats établis dans ce cadre renforcent la capacité des entreprises à naviguer dans des environnements complexes et souvent volatils.

Pour les États, ces actifs représentent une opportunité unique d'optimiser leurs ressources naturelles tout en bénéficiant des technologies et des capitaux apportés par des investisseurs internationaux. Cependant, pour garantir le succès de ces partenariats, il est crucial de mettre en place des cadres réglementaires solides, de renforcer la transparence et d'investir dans le développement des compétences locales. La mise en œuvre de systèmes de suivi rigoureux, associée à une gestion proactive des risques, est essentielle pour protéger les intérêts nationaux et assurer une exploitation durable.

Malgré les nombreux avantages qu'ils offrent, les actifs non opérés ne sont pas exempts de risques. Les fluctuations des prix du pétrole, les incidents techniques, et les pressions environnementales exigent une vigilance constante. Les exemples historiques montrent que la préparation, la coopération et l'innovation sont des éléments cruciaux pour surmonter ces défis.

En définitive, la réussite dans la gestion des actifs non opérés repose sur un équilibre subtil entre collaboration stratégique, adoption des meilleures pratiques de l'industrie, et respect des normes environnementales et sociales. Ce modèle incarne une vision moderne et responsable de l'exploitation pétrolière, où les bénéfices économiques peuvent être alignés avec les impératifs de durabilité et de développement. Les acteurs publics et privés ont tout à gagner à approfondir leur compréhension de ces dynamiques pour tirer pleinement parti de ces opportunités.

Pour approfondir les sujets abordés

Chapitre 1 : Comprendre les Actifs Pétroliers Non Opérés

1. Kaiser, M. J., & Yu, Y. (2012). *Non operated Interests in Oil and Gas: Concepts and Valuation*. Petroleum Economics Journal.

2. Johnston, D. (2010). *International Petroleum Fiscal Systems and Production Sharing Contracts*. PennWell Corporation.

3. Tordo, S., Tracy, B. S., & Arfaa, N. (2013). *National Oil Companies and Value Creation*. The World Bank.

4. Kaiser, M. J. (2018). *Decommissioning Forecasting in the Offshore Oil and Gas Industry*. Elsevier.

5. Likosky, M. (2009). *Contracting and Regulatory Issues in the Petroleum Sector*. Routledge.

6. Radon, J. (2007). *The ABCs of Petroleum Contracts: License-Concession Agreements, Joint Ventures, and Production-Sharing Agreements*. Transnational Law & Contemporary Problems.

7. International Energy Agency (2020). *Oil Market Report: Trends in Non operated Assets*.

8. BP Statistical Review of World Energy (2022). *Global Oil Reserves and Production Trends*.

9. OECD (2021). *Petroleum Investment and Fiscal Frameworks*.

10. EITI (2019). *Transparency in Oil and Gas Contracts*.

Chapitre 2 : Principes Fondamentaux d'une Gestion Rationnelle

1. OPEC (2014). World Oil Outlook – WOO

2. Hartwick, J. (1977). *Intergenerational Equity and the Investment of Rents from Exhaustible Resources*. American Economic Review.

3. Humphreys, M., Sachs, J., & Stiglitz, J. E. (2007). *Escaping the Resource Curse*. Columbia University Press.

4. The Extractive Industries Transparency Initiative (EITI) (2022). *Best Practices in Revenue Management*.

5. IMF (2021). *Fiscal Regimes for Extractive Industries*.

6. Smith, J. L. (2014). *Issues in the Valuation of Upstream Oil and Gas Investments*. Energy Economics.

7. Auty, R. M. (1993). *Sustaining Development in Mineral Economies: The Resource Curse Thesis*. Routledge.

8. World Bank (2020). *Managing Oil Revenues for Long-Term Growth*.

9. International Monetary Fund (IMF) (2019). *Taxation in the Oil and Gas Sector*.

10. Global Witness (2018). *Corruption Risks in Oil and Gas Revenue Management*.

11. Stiglitz, J. E. (2015). *The Role of Government in Oil and Gas Resource Management*.

Chapitre 3 : Suivi Technique des Actifs Non Opérés

1. SPE (2021). *Best Practices in Non operated Asset Management*.

2. Andrew Inkpen et Michael H. Moffett, 2005, The Global Oil & Gas Industry: Management, Strategy and Finance

3. John D. Campbell, 2008, Technical Monitoring and Performance Analysis for Non-Operated Petroleum Assets

4. Robert P. Bauman, 2007, Key Technical Indicators in Oil & Gas: Monitoring Non-Operated Assets

5. David W. Allen, 2011, Advanced Techniques in Operational Surveillance for Petroleum Fields

6. Michael G. Stein, 2009, Reliability and Performance Management in Offshore Oil Operations: A Technical Approach

7. Christopher A. Smith, 2010, Non-Operated Asset Performance: Technical Surveillance and Data Integration

Chapitre 4 : Suivi Financier et Optimisation des Revenus

1. Andrew Inkpen et Michael H. Moffett, 2005, The Global Oil & Gas Industry: Management, Strategy and Finance

2. John D. Campbell, 2009, Fundamentals of Oil & Gas Accounting and Financial Analysis

3. Robert P. Bauman, 2007, Financial Performance in Oil and Gas: Tools for Monitoring and Optimization

4. David W. Allen, 2010, Financial Strategies for Petroleum Asset Management: Revenue Optimization Techniques

5. Michael G. Stein, 2008, Investment Analysis in the Oil & Gas Sector: Evaluating Financial Performance

6. Christopher A. Smith, 2011, Financial Management for Petroleum Assets: Revenue Optimization and Strategic Analysis

7. Steven L. Haskins, 2012, Optimizing Revenue Streams in the Oil & Gas Industry: A Practical Approach

8. Laura M. Anderson, 2013, Oil and Gas Financial Analysis: Techniques for Revenue Enhancement

9. Mark J. Turner, 2010, Strategic Financial Management in Petroleum: Revenue Maximization in Uncertain Markets

10. Rachel K. Simmons, 2014, Advanced Methods in Oil & Gas Revenue Optimization: Financial Tools and Case Studies

Chapitre 5 : Coopération et Communication avec les Opérateurs

1. Andrew Inkpen et Michael H. Moffett (2005) The Global Oil & Gas Industry: Management, Strategy and Finance

2. Joseph Hilyard (2012) The Oil & Gas Industry: A Nontechnical Guide

3. Robert T. Moran, Philip R. Harris et Sarah V. Moran (2006), Managing Cultural Differences: Global Leadership Strategies for Cross-Cultural Business Success

4. Fred Luthans et Jonathan Doh (2008), International Management: Culture, Strategy, and Behavior

5. H. Daft et R. Lengel (1986), Communication in Organizations

6. Jeff Rubin (1997), Oil, Politics and World Order

Chapitre 6 : Stratégies pour une Amélioration Continue dans la Gestion d'Actifs Non Opérés

1. Bower, J. L., 2008, Asset Management in the Oil & Gas Industry: Strategies for Continuous Improvement

2. Smith, A. & Jones, B., 2010, Enhancing Operational Excellence in Petroleum Asset Management

3. Taylor, M., 2012, Lean Practices in Oil and Gas: Driving Continuous Improvement

4. Henderson, P. & Clarke, R., 2011, Reliability-Centered Maintenance in Offshore Oil and Gas

5. Murphy, D., 2009, Best Practices in Non-Operated Asset Management for the Oil Industry

6. Roberts, S., 2013, Continuous Improvement Strategies for Enhancing Asset Performance in Petroleum Operations

Chapitre 7 : Règles pratiques de base pour la gestion d'un actif pétrolier

1. Andrew Inkpen et Michael H. Moffett, 2005, The Global Oil & Gas Industry: Management, Strategy and Finance

2. John D. Campbell, 2007, Oil Field Management: A Practical Approach

3. James H. McMillan, 2008, Practical Rules for Managing Petroleum Assets

4. Thomas S. Johnson, 2007, Oil and Gas Asset Management: Best Practices for Field Operations

5. William J. Sullivan, 2010, Basic Principles of Oil Field Operations

6. David L. Wilson, 2009, Operational Excellence in Petroleum Asset Management

Chapitre 8 : Dynamique contractuelle et partage de la rente

1. Robert Howse, 2000, International Petroleum Contracts: Law and Practice

2. E. Robert Nelson, 2002, Oil Contracts: Dynamics and Revenue Sharing

3. David C. Markham, 2003, The Economics of Oil Contracts: Shared Rents and Incentive Structures

4. Michael C. Horowitz, 2005, Contractual Dynamics in the Petroleum Industry: Balancing Risk and Reward

5. *Thomas A. Durkin, 2007, Joint Ventures and Revenue Sharing in Oil and Gas*

6. *Susan M. Parker, 2008, Rethinking Oil and Gas Contracts: A New Model for Revenue Distribution*

Chapitre 9 : Les indicateurs financiers de base

1. *Andrew Inkpen et Michael H. Moffett, 2005, The Global Oil & Gas Industry: Management, Strategy and Finance*

2. *Robert P. Bauman, 2007, Financial Indicators in Oil and Gas: A Practical Guide*

3. *John D. Campbell, 2009, Fundamentals of Oil & Gas Accounting and Financial Analysis*

4. *David W. Allen, 2010, Key Financial Metrics for Petroleum Asset Management*

5. *Michael G. Stein, 2008, Investment Analysis in the Oil & Gas Sector: Evaluating Financial Performance*

6. *Christopher A. Smith, 2011, Financial Management for Petroleum Assets: Essential Indicators and Practices*

Chapitre 10 : Intégration des indicateurs dans la gestion des actifs non opérés

1. Andrew Inkpen et Michael H. Moffett, 2005, The Global Oil & Gas Industry: Management, Strategy and Finance

2. John D. Campbell, 2009, Petroleum Performance Metrics: Integrating Indicators for Effective Non-Operated Asset Management

3. Robert P. Bauman, 2007, Key Performance Indicators in Oil and Gas: A Framework for Non-Operated Asset Management

4. David W. Allen, 2010, Financial and Operational Indicators in Petroleum: Strategies for Integration

5. Michael G. Stein, 2008, Measuring Success in the Oil Industry: Integrating Indicators into Asset Management

6. Christopher A. Smith, 2011, Advanced Indicator Systems for Non-Operated Oil Asset Management

GLOSSAIRE

A

Actif non opéré : Participation financière dans un projet pétrolier sans prise en charge de la gestion opérationnelle.

Audit de conformité : Processus de vérification garantissant que les opérations d'exploration, de développement et de production respectent les normes et réglementations en vigueur.

Abandon de puits : Procédure par laquelle un puits non rentable ou en fin de vie est définitivement mis hors service et scellé selon des normes environnementales strictes.

B

Baril : Unité de mesure du pétrole brut, équivalente à environ 159 litres.

Benchmarking : Comparaison systématique des performances d'un projet pétrolier avec celles d'autres projets similaires afin d'identifier et d'adopter les meilleures pratiques.

Bloc pétrolier : Zone géographique attribuée pour l'exploration et l'exploitation des ressources pétrolières, souvent définie dans le cadre d'un appel d'offres étatique ou international.

C

Cadre réglementaire : Ensemble des lois, règlements et directives encadrant l'exploration, l'exploitation et la gestion des hydrocarbures, garantissant la sécurité, la protection de l'environnement et la répartition équitable des ressources.

Capex (Capital Expenditure) : Dépenses d'investissement en capital destinées au développement des infrastructures et des équipements pétroliers (forages, installations, pipelines).

Compagnie pétrolière nationale (NOC - National Oil Company) : Entreprise contrôlée par l'État, jouant un rôle stratégique dans la gestion et le développement des ressources pétrolières nationales.

Concession pétrolière : Accord par lequel un État confère à une entreprise le droit exclusif d'explorer et de produire des hydrocarbures dans une zone déterminée et pour une durée définie.

D

Dépenses d'exploitation (Opex - Operating Expenditure) : Coûts récurrents liés à l'exploitation quotidienne d'un projet pétrolier, incluant la maintenance, la logistique, et le personnel.

Droits de production (Royalties) : Redevances versées par une entreprise exploitant un champ pétrolier à l'État ou aux propriétaires de la ressource, calculées en fonction de la production ou des recettes générées.

Drilling (Forage) : Processus technique d'implantation d'un puits dans le sous-sol afin d'accéder aux réservoirs d'hydrocarbures.

E

EITI (Extractive Industries Transparency Initiative) : Initiative internationale visant à promouvoir la transparence dans la gestion et la répartition des revenus issus de l'exploitation des ressources naturelles.

Exploration pétrolière : Ensemble des activités et techniques (sismique, géophysique, géologique) visant à localiser des réservoirs d'hydrocarbures exploitables.

Exploitation pétrolière : Processus d'extraction du pétrole brut d'un gisement pour sa commercialisation et sa transformation.

Enhanced Oil Recovery (EOR) : Techniques d'amélioration de la récupération du pétrole dans un réservoir par injection de fluides (eau, gaz, produits chimiques) ou par chauffage.

F

Fiscalité pétrolière : Ensemble des taxes, redevances et impôts appliqués aux compagnies pétrolières sur leurs investissements, revenus et production, définissant le cadre économique de l'exploitation.

Flux de trésorerie (Cash Flow) : Indicateur financier représentant le montant net d'argent généré par une entreprise après déduction de l'ensemble des dépenses et investissements.

Flaring (Torchage) : Pratique de brûlage du gaz naturel excédentaire, souvent critiquée pour son impact environnemental et sujet à des politiques de réduction.

G

Gisement : Réservoir souterrain contenant des hydrocarbures exploitables, caractérisé par sa taille, sa porosité, et sa perméabilité.

Géosciences : Ensemble des disciplines (géologie, géophysique, géochimie) utilisées pour étudier la formation, la structure et la composition du sous-sol, essentielles à l'exploration pétrolière.

Gouvernance pétrolière : Ensemble des règles, pratiques et institutions qui encadrent la gestion des ressources pétrolières, garantissant transparence, équité et respect des normes environnementales.

H

Hydrocarbures : Composés organiques constitués de carbone et d'hydrogène, regroupant le pétrole brut et le gaz naturel, source majeure d'énergie mondiale.

Hydraulic Fracturing (Fracturation hydraulique) : Technique consistant à injecter à haute pression des fluides dans le sous-sol pour fracturer les roches et faciliter l'extraction des hydrocarbures, notamment dans les formations de schiste.

I

Investissement pétrolier : Capital engagé dans l'ensemble des phases d'un projet pétrolier, de l'exploration à la production, avec une attention particulière aux risques techniques et géopolitiques.

IOGP (International Association of Oil & Gas Producers) : Organisation internationale regroupant les principaux producteurs, qui établit des standards et favorise le partage de connaissances dans l'industrie.

Injection de fluides : Procédé utilisé pour maintenir la pression d'un réservoir ou pour améliorer la récupération d'hydrocarbures par l'introduction contrôlée de fluides.

J

Joint-Venture : Partenariat entre plusieurs entreprises permettant de mutualiser les compétences, les risques et les investissements dans l'exploitation d'un projet pétrolier.

K

Kérosène : Bien qu'il soit principalement associé à l'aviation, le kérosène est un distillat du pétrole brut dont la qualité et les procédés de raffinage peuvent influencer la valorisation des actifs pétroliers.

L

Licences d'exploration : Autorisations délivrées par une autorité étatique permettant à une entreprise d'explorer des zones à la recherche d'hydrocarbures.

Log de forage : Ensemble de données techniques et géologiques recueillies lors du forage d'un puits, servant à évaluer les formations traversées et à orienter les décisions opérationnelles.

M

Marge bénéficiaire : Différence entre les revenus générés par un projet pétrolier et l'ensemble des coûts associés à son exploitation et à ses investissements.

Modélisation du réservoir : Processus numérique et géologique permettant de simuler le comportement futur d'un gisement et d'optimiser sa production.

Méthodes non conventionnelles : Techniques d'extraction de ressources (schiste, pétrole lourd, sables bitumineux) nécessitant des technologies spécifiques et une approche économique particulière.

N

Niveau de réserve : Classification des réserves d'un gisement (prouvées, probables, possibles) basée sur la certitude technique et économique de leur extraction.

Net Present Value (NPV) : Valeur actuelle nette, indicateur financier évaluant la rentabilité d'un projet en actualisant ses flux de trésorerie futurs.

O

Opérateur pétrolier : Entreprise chargée de la gestion technique et opérationnelle d'un projet pétrolier, assurant la planification, le forage, l'exploitation et la maintenance des installations.

Optimisation des revenus : Ensemble des stratégies et techniques visant à maximiser la rentabilité d'un projet, en optimisant la production, en maîtrisant les coûts et en adaptant l'exploitation aux fluctuations du marché.

Offshore : Désigne les activités pétrolières menées en mer, nécessitant des installations spécifiques (plateformes, navires, pipelines sous-marins).

P

Partage de production (PSC - Production Sharing Contract) : Accord contractuel entre un État et une entreprise définissant la répartition de la production d'un gisement après déduction des coûts d'exploitation.

Pipeline : Infrastructure de transport permettant de déplacer le pétrole brut ou le gaz sur de longues distances, reliant les sites de production aux raffineries ou aux marchés de distribution.

Plateforme offshore : Structure installée en mer pour mener des opérations d'exploration, de forage et de production pétrolière.

Petrophysique : Discipline qui étudie les propriétés physiques des roches réservoirs et des fluides qu'elles contiennent, essentielle pour évaluer la performance d'un gisement.

Q

Qualification géologique : Processus d'évaluation préliminaire d'un bassin ou d'une zone d'exploration pour déterminer son potentiel en hydrocarbures, à partir d'analyses sismiques, de relevés de terrain et d'études géologiques.

R

Réserves prouvées : Quantité estimée de pétrole ou de gaz récupérable avec un haut degré de certitude, en tenant compte des contraintes économiques et techniques.

Risque financier : Incertitude associée aux fluctuations des prix du pétrole, aux variations des coûts d'exploitation et aux conditions macroéconomiques impactant la rentabilité des projets.

Royalties : Redevances versées à l'État ou aux propriétaires fonciers en échange du droit d'exploitation d'un gisement, généralement calculées en fonction de la production ou du chiffre d'affaires.

Récupération secondaire : Ensemble des techniques (injection d'eau, gaz) utilisées pour maintenir la pression du réservoir et augmenter la quantité d'hydrocarbures extraits après la production primaire.

S

Sécurité des installations pétrolières : Ensemble des mesures préventives et des protocoles d'intervention visant à protéger le personnel, les infrastructures et l'environnement des risques liés à l'exploitation pétrolière.

Surveillance des actifs non opérés : Processus de contrôle et d'évaluation mis en place par les investisseurs non opérationnels pour s'assurer du suivi et de la rentabilité d'un projet auquel ils participent.

Sismique : Méthode d'exploration géophysique utilisant des ondes de choc pour sonder les structures souterraines et identifier des réservoirs potentiels.

T

Taux de récupération des hydrocarbures : Pourcentage de pétrole ou de gaz extrait par rapport au volume total estimé dans le réservoir.

Taxation pétrolière : Système fiscal appliqué aux entreprises du secteur, intégrant impôts sur les bénéfices, taxes sur la production et royalties, et influençant les décisions d'investissement.

Terrain d'exploitation : Zone géographique sur laquelle une compagnie pétrolière mène ses opérations d'exploration et de production.

U

Upstream : Terme anglais désignant l'ensemble des activités d'exploration et de production dans l'industrie pétrolière, en amont de la chaîne de valeur.

Utilisation optimisée des ressources : Approche intégrée visant à maximiser la récupération des hydrocarbures tout en minimisant l'impact environnemental et en améliorant la performance économique.

V

Valeur des actifs pétroliers : Estimation économique globale des ressources, infrastructures et droits d'exploitation liés à un projet ou à un portefeuille d'investissements dans le secteur pétrolier.

Volatilité des prix du pétrole : Fluctuation rapide et imprévisible des cours du pétrole sur les marchés internationaux, impactant directement la rentabilité des projets.

W

Well Testing (Test de puits) : Ensemble de procédures permettant d'évaluer la productivité et les caractéristiques d'un puits, en mesurant par exemple la pression, le débit et la composition des fluides extraits.

Waterflooding (Injection d'eau) : Technique de récupération secondaire consistant à injecter de l'eau dans le réservoir pour maintenir la pression et mobiliser les hydrocarbures.

X

X-Factor (Facteur X) : Terme désignant les variables imprévisibles ou non quantifiables qui peuvent influencer la rentabilité et la performance d'un projet pétrolier, telles que les risques géopolitiques ou les évolutions réglementaires.

Y

Yield (Rendement) : Rapport entre la quantité de pétrole récupérée et la capacité théorique ou attendue d'un réservoir, souvent exprimé en pourcentage.

Year-on-Year (YoY) : Indicateur comparant les performances d'un projet ou d'une entreprise sur une période d'un an, utile pour analyser les tendances et l'évolution du secteur.

Z

Zone de drainage : Surface souterraine d'où migrent les fluides (pétrole, gaz, eau) vers un puits de production, influençant ainsi la dynamique d'un réservoir.

Zero Flaring Policy : Politique adoptée par certaines compagnies visant à éliminer le torchage du gaz naturel afin de réduire les émissions de gaz à effet de serre et l'empreinte carbone de leurs opérations.

Zone fracturée : Partie d'un réservoir où la roche présente des fractures naturelles, facilitant l'écoulement des hydrocarbures et influençant la stratégie d'extraction.

Table des matières

Structures éditoriales du groupe L'Harmattan

L'Harmattan Italie
Via degli Artisti, 15
10124 Torino
harmattan.italia@gmail.com

L'Harmattan Hongrie
Kossuth l. u. 14-16.
1053 Budapest
harmattan@harmattan.hu

L'Harmattan Sénégal
10 VDN SICAP AMITIE 3
BP 45034 Dakar-Fann
direction@senharmattan.com

L'Harmattan Cameroun
Tsinga/Derrière polyclinique FECAFOOT
BP 11486 Yaoundé
Jacques.koukam@harmattan.fr

L'Harmattan Burkina Faso
Villa 281, secteur 23 623, rue 14.32
Ouagadougou
zagbie@outlook.fr

L'Harmattan Guinée
Almamya, rue KA 028 OKB Agency
BP 3470 Conakry
harmattanguinee@yahoo.fr

L'Harmattan RDC
185, avenue Nyangwe
Commune de Lingwala – Kinshasa
matangilamusadila@yahoo.fr

L'Harmattan Congo
219, avenue Nelson Mandela
BP 2874 Brazzaville
deunovmikhael@gmail.com

L'Harmattan Mali
Immeuble Mgr Jean Marie Cissé
Aci Hamadallaye
BP 145 Bamako
syllaka@yahoo.fr

L'Harmattan Togo
Djidjole – Maison Amela
face EPP BATOME
02 BP 20680 Lomé
didieramela11@gmail.com

L'Harmattan Côte d'Ivoire
Résidence Karl – Cité des Arts
Abidjan-Cocody
03 BP 1588 Abidjan
harmattan.ivoire@gmail.com

L'Harmattan Bénin
Rue 604, (Immeuble à l'entrée
de la rue UCAO- Cite de Saint-Jean)
Cotonou
stepcorpus@gmail.com

Nos librairies en France

Librairie internationale
16, rue des Écoles
75005 Paris
librairie.internationale@harmattan.fr
01 40 46 79 11
www.librairieharmattan.com

Librairie des savoirs
21, rue des Écoles
75005 Paris
librairie.sh@harmattan.fr
01 46 34 13 71
www.librairieharmattansh.com

www.ingramcontent.com/pod-product-compliance
Lightning Source LLC
LaVergne TN
LVHW010943061026
849535LV00007B/2541